ウミネコ

オオハクチョウ

オシドリ

琵琶湖は水鳥のふるさと

オナガガモ

オナガマガモ（雑種）

カワウ

コガモ

コハクチョウ

バ　ン

ヒシクイ

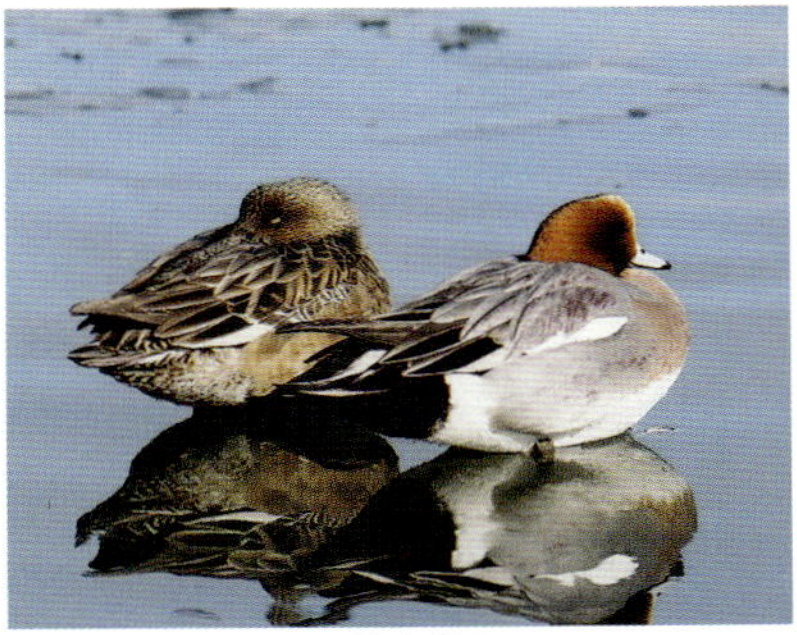

ヒドリガモ

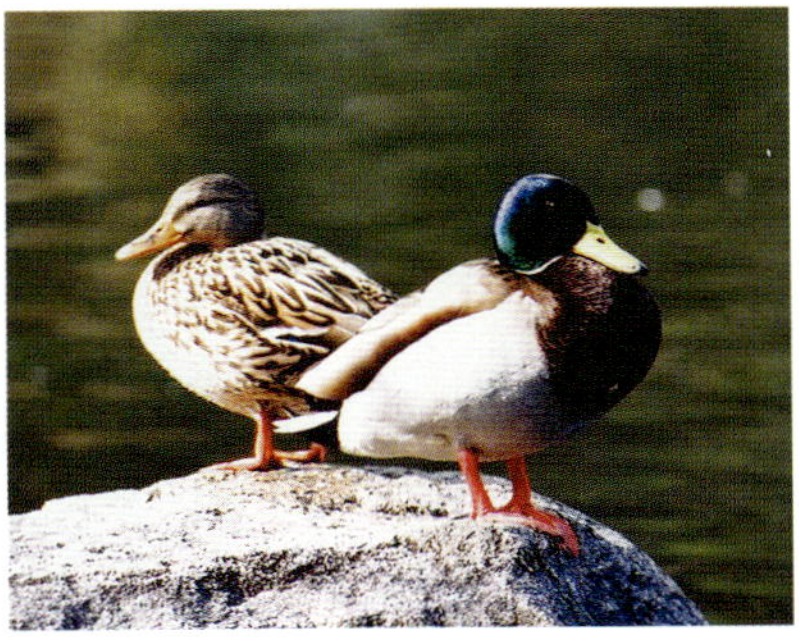

マガモ

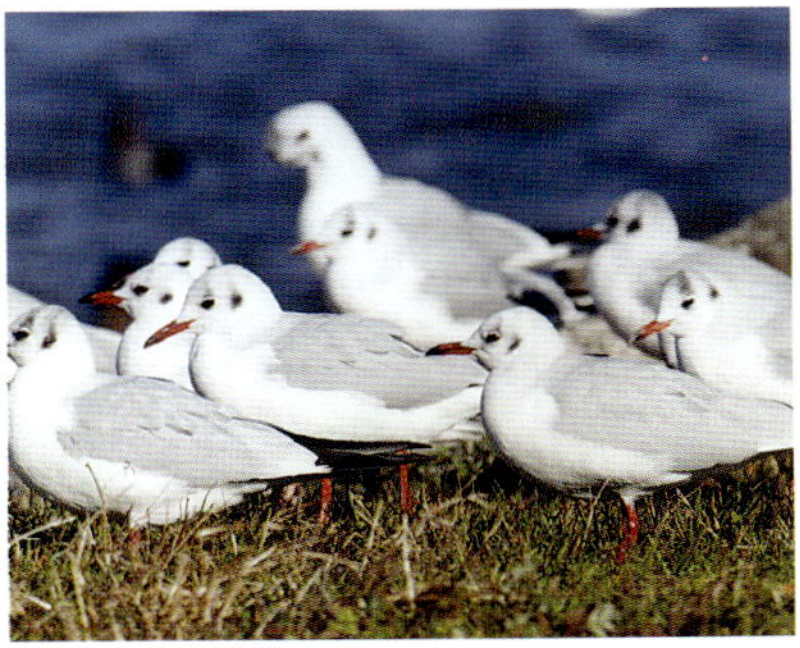

ユリカモメ

水辺は
鳥たちの
ふるさと

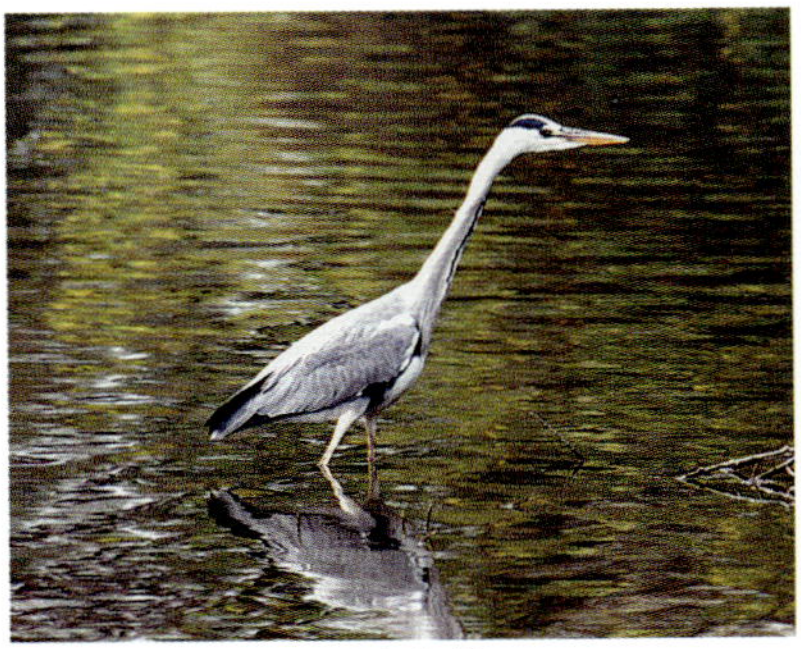

アオサギ

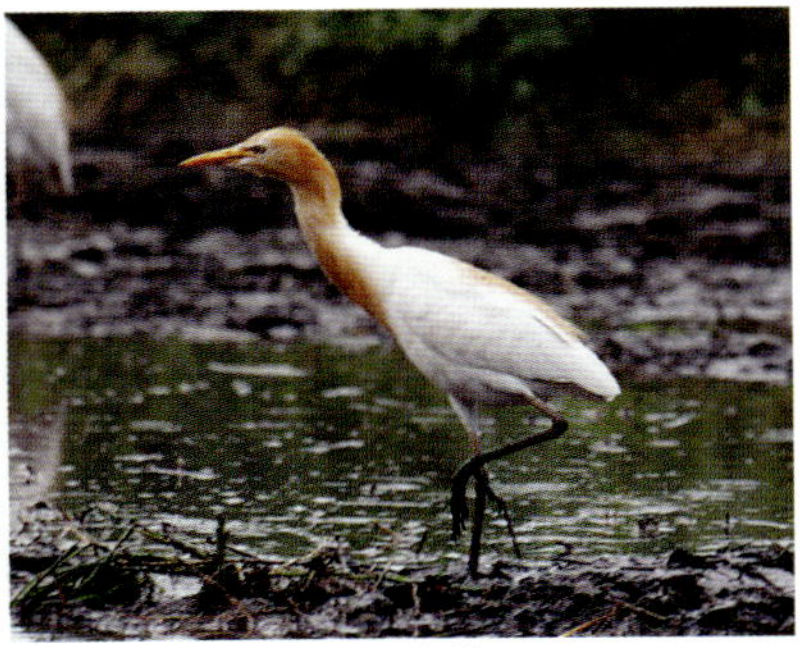

アマサギ

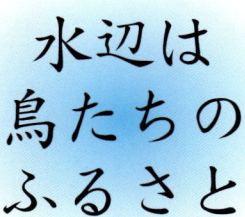

イソヒヨドリ（メス）

カワセミ

ゴイサギ

セグロセキレイ

タゲリ

ミサゴ

タマシギ

マナヅル

身の回りは鳥たちのふるさと

ジョウビタキ

スズメ

ツグミ

ヒバリ

イカル

ト　ビ

ヒヨドリ

ミヤマガラス

キ　ジ

キジバト

ムクドリ

里山は鳥たちのふるさと

コマドリ

シジュウカラ

トラツグミ

フクロウ

ルリビタキ

メジロ

環境と健康講座観察会

三島池観察会

（続おじいちゃんからの贈り物）

湖国野鳥散歩

—湖国の美しい自然よ、野鳥よ、人々よ、ありがとう—

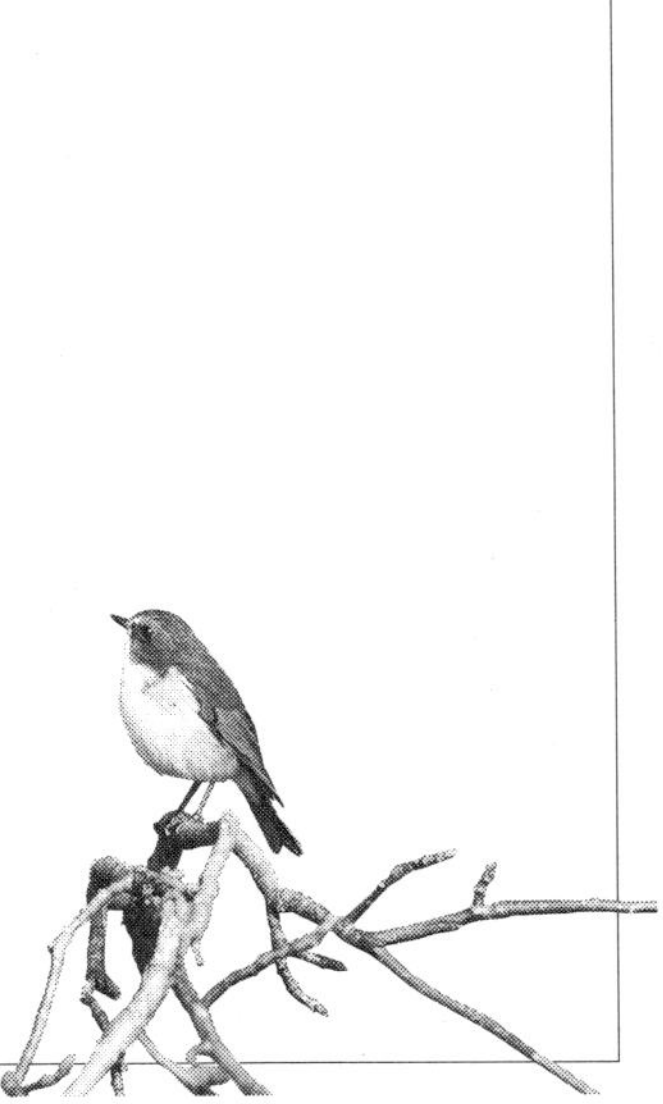

口分田 政博

まえがき

若い時は湖国の自然を調査研究の対象として把え、時間があれば渓流や池沼の底生生物、山や湖の野鳥の調査に明け暮れていた。昭和二十年代末から四十年代にかけてである。衣食住共に不足がちの時代であった。

当時交通手段はおんぼろの自転車しかなかったが、生徒たち（山東町立大東《だいとう》中学校科学部）も私に付いて山や川の調査に参加してくれた。時によると生徒たちだけで、湖北町や彦根市の湖岸まで、また伊吹山や霊仙山の渓流にまで、土曜日の午後や日曜日に調査に出かけた者さえあった。

山東野鳥の会を発展的に解消し、滋賀県野鳥の会を創設して活動に入ったのもそんな活動の延長線上の昭和四十四年のことであった。

中年と言おうか五十歳を過ぎる頃から、学校では経営の責任者にもなり、心境は大きく変わっていくのを感じた。自然を見る目も、調査研究の対象から美や心の対象へと変わっていった。ゆっくり美しい自然に浸ったり、野鳥の声や姿に心の安らぎを感じたりするのが好きになった。そしてそんな心境を新聞・機関紙・雑誌などの連載記事に多く書いた。百回の連載物もいくつかあった。

学校では月一回の学校だよりを独占して書いた。「入江小だより」（米原町）「大東中だより」（山東町）には七年間エッセイを書き続けた。新任校長の東小学校（山東町）では、ホタル保護とほたる祭りのパレードに熱中してエッセイは書かなかった。教育の基盤を環境教育に据え、親や子どもたちと一体になって活動した実に楽しい時期であった。

平成元年三月に退職し、ふるさとの村に心も体も置くようになると、自然や人々への感謝の気持ちがいつも心から離れず、自然は感謝の対象に変わっていった。

平成二年、先輩の珠久鶴一先生から「滋賀文教短大へ講師として来ないか」と声をかけていただいて、第二の人生も再び教壇に立つことになった。自然・環境・ふるさとを対象とする教科を担当した。週二～三日の勤務であったが自分の好きなことを好きな方法で教えられ、学生たちも生き生きしていたので実に楽しかった。

そんなある日、同じ短期大学の先生であり、長浜市のタウン誌「長浜み～な」の編集者の一人であった故中島知恵子先生から「長浜み～なの巻頭エッセイ、今度は口分田先生の番ですよ」と言われた。その頃講義の準備から少し解放され余裕がでてきた頃であった。

平成九年一月発行「長浜み～な　ＶＯＬ44・'97梅香るころ」に「湖北の美しい絆」と題して巻頭エッセイを書かせていただいた。湖北の大河姉川で結ばれている湖北の自然・文化・人々の縁を書いた。短い文章で意を尽くし得なかったが、しばらく途絶えていた私の執筆意欲の再目醒めの起爆剤になった。

「湖北野鳥散歩というテーマで連載記事を書かせてもらえないでしょうか」と長浜み～なの編集長小西光代さんにお願いしたら「ＯＫです」と返事をいただいた。私の一生のおそらく最後の連載になるだろう「湖北野鳥散歩」。湖国の美しい自然や野鳥、人々への感謝を野鳥の話を通して書くことにした。

「み～な　ＶＯＬ45　ミソサザイのうたうころ」に「オシドリ」からスタートさせてもらった。

それが年六回、いつしか四十回近くになった。もっと回を重ねてから出版すべきであるとも思ったが、元気な七十五歳、金婚式を記念して『湖国野鳥散歩—湖国の美しい自然よ、野鳥よ、人々よ、ありがとう—』として出版することにした。

先に出版した『おじいちゃんからの贈り物—美しい湖国の自然を二十二世紀へ—』で取り上げ得なかった湖国随想(中日新聞)、湖友録(朝日新聞)入江小だより・大東中だより等に書いたエッセイをいくつか取り上げて前後にコラムとして入れ、まとめることにした。また不足分は新しく書き加えた。

今私は山東町社会福祉協議会に頼んで「健康と環境」という年十回の講座を開設してもらった。平成十二年、私が七十歳を超える年からである。今まで私が歩いて楽しんだ湖国の自然や文化遺産へ高齢者の皆さんを誘っての感謝の旅である。初年度二十余名であった参加者が四年目の平成十五年度は八十名余りになり、二班に分けて旅している。家内もサポーターとして皆さんに少しでも喜んで貰えるように手伝ってくれている。ありがたい金婚の旅でもある。

長い人生を支え続け、生きる喜びと感激を与えてくれた湖国の美しい自然、野鳥、そしていつも一緒に旅してくれた人々に限りない感謝の気持を捧げる次第である。ほんとうにありがとうございました。

終わりになりましたが、いつも激励いただいた「み〜な」の小西光代編集長、出版についてアドバイスをいただいたサンライズ出版の岩根順子社長、写真をお貸しいただいた上杉満生氏、天筒靖昌氏、加藤忠夫氏、山本毅也氏、千田みのり氏、岡田登美男氏はじめご協力いただいた諸氏に厚くお礼を申し上げる次第である。

湖国野鳥散歩（続おじいちゃんからの贈り物）

——湖国の美しい自然よ、野鳥よ、人々よ、ありがとう——

第4章　里山は鳥たちのふるさと

第5章　湖国の美しい鳥たちを守るために

序章　ふるさとの美しい自然

上杉満生写真集『湖国の水鳥』より

琵琶湖よ

琵琶湖は、対岸の峰々がはっきり根づいて見えるときは、長い大河のように思える。雲や霞《かすみ》で天と湖面が連なって見えるときは、海のように思える。荒れ狂って激波が轟《ごう》音をたて防波堤とぶつかり合うのを見ると、恐ろしい湖だと思う。小波一つ見えない湖面に峰々や島影がはっきり写り、湖周の人々の平和な営みを手に取るように感じるとき、私は琵琶湖を抱きしめたいような思いにかられる。

琵琶湖に夕日が沈む頃、人々は湖岸に集まってくる。西の空が紅に染まり始めると、ぎざぎざの火柱が湖西から湖東へ湖面を這うように足元まで伸びてくる。そしてその火柱がだんだん太くなり、逆三角形になって、遂に湖面全体に広がると一日が終わる。空も湖も空気までも赤く染まると、人々は幻想の世界に漂いはじめる。赤が紫にゆっくり変わり、うろこ雲の出っ張りだけに赤紫が残る頃、人々は大きなため息を残して琵琶湖を後にする。琵琶湖の一番美しい時である。

琵琶湖を巡る山々に雪や雨が降り、その一雫が山肌に染み込む。そして再び小さい音をた

上杉満生写真集『湖国の水鳥』より

てて、泉となって岩間に顔をだすと渓流が始まる。渓流が集まって谷川になり、滝を越えてやがて川となり、村々に姿を現す。川は流域の小さい命や生活を励まし、文化を育てながらゆっくりと琵琶湖へ流れ着く。最近は逆水で再び水田に呼び戻されたり、水道水となって街に帰ってくる。琵琶湖の最も大切なのは水である。

琵琶湖には魚や貝、水草やプランクトンが黙って生きている。時には大声をあげて琵琶湖の危機を知らせてくれる。一番派手に振る舞うのは鳥達である。鳥達は人間と同じように、琵琶湖の空気を吸い、水を飲んで鼓動を続けている同じ仲間である。それ故に私達は、鳥達に親しみを感じるのである。

琵琶湖の碧《あお》、葦原の緑に一番映えるのは白い鳥である。なかでも人は大きい白い鳥に心を惹かれる。白鳥、鷺《さぎ》、鷗《かもめ》。

望遠鏡やレンズで鳥達に付き合うようになると、今まで黒く見えていた水鳥や葦原の小さな鳥達の装いのあでやかさに感動する。もっと美しい鳥に、もっとあでやかな装いに、もっと感動する場面に出逢いたいと人々は夢中になってしまう。また鳥達のさえずりに惹かれたり、鳥達の親子の愛情に愛の原点を感じる人もいる。

このように鳥達の生きざまに溶け込んでいくと、鳥達の世界にも生きるための闘争があることが分かる。そしてその闘争に、人間が根深く関わっていることに気づく。そして、琵琶湖の一番大切な役目は、小さい命を育むことであると思うようになる。

何百万年も小さい命を励まし続けてきた琵琶湖。この上杉満生氏の写真集『湖国の水鳥』を手にすると琵琶湖の愛が愛しいばかりに感じられ、私は琵琶湖を今一度心で強く抱きしめる。

（上杉満生写真集『湖北の水鳥』巻頭言　一九九三年十月二十三日）

湖北の美しい絆

姉川の河口に立つと、遥か東の空に伊吹山が白く光る。あの頂に積もった雪が融けて山はだにしみ込み、小さい泉となり、渓流になり、姉川になるのだ。

道すがら、木々や草花を育て、魚貝・鳥獣の命をうるおし、人々の生活や文化を励ましながら琵琶湖に往き着く。

ふと浮いている紅葉に目を落としながら流れを辿ると、いつしか琵琶湖に紛れこんでしまった。姉川の清冽な水は、湖の生きものたちに愛されているに違いない。百数十キロ離れた京阪神の人々に、湖北の味と香りを届けているに違いない。じっと湖水を見つめる。

姉川には古い橋、新しい橋、鉄の橋、コンクリートの橋が三十有余架かっている。一つ一つの橋をくぐり抜ける度に新しい景色が広がり、川の旅に期待を持たせてくれる。

河口付近ではケレレンとカイツブリが甲高く鳴いていたが、大井橋辺りからはピオーピオーと哀愁に満ちたコチドリの声に変わる。キセキレイの歯切れのよいチッチンチッチンは、河口から源流まで散策のリズムを奏でてくれる。ユリカモメは七尾橋辺りでお別れである。

姉川河口付近から伊吹山を望む

時々ツルと紛う優雅な羽ばたきを見せてくれる白い大きなアオサギは、谷間の紅葉に映えて、影と一緒に谷を越えてゆく。

伊吹大橋を抜けると、姉川は大きく向きを変え北に伸びる。水は一段と透き通り底冷えし、激流が岩に当たって砕ける。発電所下のダムでは、時折オシドリの夫婦が美しい碧い水に映えて睦まじい。このあたりからチチージョイジョイと愛嬌のある声を岩間に響かせながら、真っ黒い鳥影が川面を往き交う。カワガラスの聖域に入ったのである。

上流は今、ダム建設の真っ最中だ。真新しい道、橋、トンネル。まだペンキやコンクリートの人工臭が漂っている。川に住んでいた小さい虫たちは、無事に泉や渓流に逃げ込んだだろうか。ちゃっかり者の虫たちの中には住みかを下流に移したものもいるようだ。

「今しばらく辛抱するんだよ」

奥伊吹、新穂山の傾斜地に入ると川が分かれて、どれが姉川なのか分からなくなってしまう。ある人は「水が流れて川。魚が住んで川」と言った。私は姉川の橋を一つ一つくぐる度に、「鳥が鳴いて川。虫が育って川。水草が茂って川。河原があって川。紅葉がただよって川。青い空が映って川。子どもが楽しく遊んで川。……」と、川の定義が無限に続くのを楽しく思った。

帰り道、伊吹山に登って湖北を鳥瞰したら、姉川が網の目のように広がり、湖北の人の心を一つに結びつけている絆になっていることを見つけた。

（「長浜み〜な」一九九七年一月）

湖国の鳥たちよ

大きい森の真中に、美しい大きい湖がある。人たちは「母なる湖」と呼んでいる。「すべての命」を育んできたからである。

この碧《あお》い水の中で長い間進化し続け、今も元気に活動している生きものも多い。人呼んで「琵琶湖特産種」。大切な命なんだ。特産種は長い長い琵琶湖の自然史を体の中に秘めている。自分たちにはその長い自然史の重みは分からないだろうが、ＤＮＡがちゃんとそれを引き継いでいるんだ。だから特産種は琵琶湖数百万年の自然史の持ち主といえるだろう。

他方、琵琶湖の自然史の比較的新しい時代に淡海に飛び込んできた生きものたちもいる。空中を風と共にやってきたもの、水鳥たちの移動のお供をして降り立ったもの、人の手によって偶然にまた強制的に住みかを変更させられたものなどもいるだろう。そして新しい水環境で息絶えだえになった新しい命も、やがて母なる湖に抱かれて生きる力を与えられたものも多い。反対に母なる湖になじめず消えていった多くの命もあるだろう。

また、新しい琵琶湖という環境が身に合って爆発的に増加した生きものたちもいる。母なる湖は母であるが故にどの「いのち」にも平等に愛の手をさしのべようとしている。「子どもたちよ！争わないで楽しく平和に生きてほしい」と諭しているのだが、どうしても争いが絶えない。母は今日も苦しんでいる。

さて、湖国をふるさとにしている鳥たちよ。お前たちほど幸せな鳥は世界中にいないだろう。ちょっと指折り数えてみ給え。まず第一に琵琶湖は日本一広大で、ラムサール条約（特に水鳥の生息地として国際的に重要な湿地に関する国際条約）の登録湿地になっていて、世界中の人たちが君たちの生活を守っているのだ。第二に琵琶湖は全域鳥獣保護区に指定されていて君たちは何の心配もなく楽しく生きられるように保証されているんだ。第三に周辺のヨシ原もヨシ群落保全条例で君たちの住みか、ねぐら、子育ての場所、避難地が用意されているのだ。その他水質の保全やレジャーの規制など何重にも君たちの尊い命が守られているんだ。湖国はお前たちの楽園なんだよ。

その証拠に多くの仲またちが琵琶湖、湖国に集まってくるではないか。カイツブリ、バンやカルガモのように年中琵琶湖でエンジョイしている留鳥《りゅうちょう》たちもいる。鴨・雁・鷗《かもめ》のように冬になるといそいそと帰ってきてくれる冬鳥たちも何万羽もいてくれる。おそらく琵琶湖の魅力に惹かれて琵琶湖の住み易さが忘れられず、毎年同じ仲またちが子や孫を連れて帰ってきてくれているに違いないのだ。「そうだろうね、きっと」

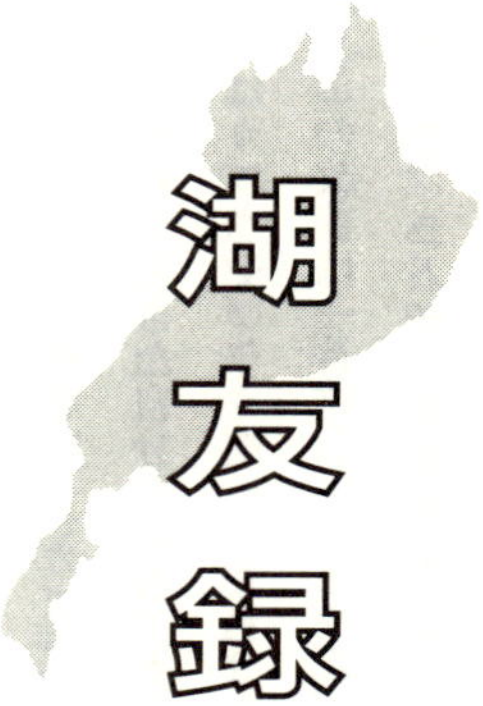

湖友録

朝日新聞掲載

（二十年前の文章で現時点では実状にそぐわない部分もありますが原文のまま掲載しました。）

みんな会おうではないか

―この師この友―

自分の歩んだ道がまだ短いうちは自分を育ててくれた人々の力を感じ取りにくい。道が長くなり、実際には紆《う》余曲折《よきょくせつ》のあった道が真っすぐ見え始めると、自分を励ましてくれた人々の一言一言が身にしみてありがたく感じられるものである。

奇遇な出会いが自分の人生の方向を大きく変えるときだってある。そんなときには必ず、師といおうか友といおうか、思い出深い人の存在がある。

私は師や友のはじまりはやはり鬼ごっこした先生、ウサギ追いし友であると思っている。この師この友を大事にしてこそ次の時代のよき師よき友を得る道だと思っている。

「踊るポンプや用水も　空をひびかすサイレンも　火の用心にしくはなし　用心用心火の用心」愛馬行進曲に合わせた夜回りの歌が夕焼けの空に今日も響く。この歌は私の小学校時代の恩師、込山貞司先生（故人）の作である。

今も受け継がれ、わらべ歌となって村に生きている。私の小学校時代からのクラスメートに三原栄一君（南郷里小）がいるが、二人でこの歌を懐かしんで歌うことがある。込山先生は自由詩が大好きで私たちの自由詩を白秋の「赤い鳥」に投稿してくれた。入選すると、みんなでお祝いし、教室ですき焼きをよくやった。野原に寝ころんで詩をつくり、帰りに草花をつんで教室のびんにさし、美しい花の名前を調べた。

後年、私が自然を愛するようになった道をたどるといつも込山先生の笑顔にたどりつく。

小学校の同級生五十三名の半数近くは故郷に根づいている。私の字（山東町志賀谷）にも十一人いたが、いま残っているのは川地久三君、富岡春己君、西堀百合子さんと私の四人である。

もう第一の職場を退いた人も多くなった。これからは外に出た友もだんだん故郷に姿を見せるようになるだろう。

井関保君は国鉄で成功した人だが、私が鳥獣保護で受賞したとき、いち早く祝電を送ってくれた。三輪つぎをさん、西堀百合子さんは、私と同じ教師の道を選んだクラスメートだが、ときどき教育や子どもさんの事で相談に来てくれる。相談の用件はそこそこにして、あどけなかった小学時代の思い出に花が咲いてしまう。

クラスメートの名簿を作り、心の交流を再開しようと相談している。「みんな一度会おうではないか」。そんな声が故郷の内外から私の耳元に届く。

堀口百雄、山本泰治の各先生は私たちの恩師である。ご健康であることを喜ぶ。

私は故郷の友こそ清く美しい湖友の源泉であり濁りを知らない温泉であると思う。

（一九八四年十一月二十一日）

五カ月だが良き友を得た

――江田島――

今夏、私たちの入江小学校（米原町）は、職員研修旅行に広島を選んだ。私の学校ではここ三年「読書指導」を研究主題にしている。その読書の中によく戦争の物語が出てくるし、原爆の話もでてくる。一度職員全員で広島へ行き、ゆっくり戦争と原爆を見つめ、平和への願いを確かめようと思ったからである。

二日目、私は一人で江田島旧海軍兵学校を訪れた。戦後久しく江田島行きを拒み続けてきた私に、江田島行きを決意させた事件が起こった。それは今年の六月、海軍兵学校六一〇《ろくひとまる》分隊の監事であった石飛矼中佐が、思いもかけず来県されたのである。兵学校では分隊監事を「おやじ」と呼んだ。帝国海軍の士官としての自覚と教養と振る舞いを身につけるため、厳格な訓練が続いた。おやじは夜三号生徒（最下級生）を集めて温かい励ましと愛を与えてくれた。おやじの話があった夜は泣かずに眠れた。四十年ぶりに会ったおやじの目は以前にも増して温かく、姿勢はかくしゃくとしていた。一日学校を休み、湖北の名所を二人で歩いた。

その夜七十七期の期友、高士礼二郎氏と木村秀夫氏と三人でおやじの歓迎会を開いた。短い海軍兵学校生活であったが、過酷なまでの訓練と、生死を共にせんとする人情がからみ合って思い出深い十六歳の青春であった。

江田島海軍兵学校は全くそのまま残っていた。松の緑がうんと大きくなっていた。「待て！」「貴様！　ボヤボヤしとる！」と、赤レンガ生徒館の中から怒声が、いまにも飛び出してくるように思えた。赤レンガ一階一番西の部屋が六一〇分隊の自習室であった。私はいまでは図書室になっているその部屋に一歩足を踏み込んで、目を閉じて十六歳の少年に立ち返ろうとした。制服に身をかためた分隊の友の顔が次々に浮かび、りりしく敬礼をして立ち去っていった。江田島に来てよかったと私はつくづく思った。

海兵の県人会には川地重一氏、久高春雄氏、海藤義夫氏、木村秀夫氏、高士礼二郎氏、辻野昭夫氏、長谷川助治郎氏、鹿島誠氏、古川優氏、土田治平氏、大石昭夫氏など多士済々である。

みんな偉い人になっているが海兵セブンティ会では「おい貴様」で通じるので楽しい。私は県人会にはあまり顔を出していないが、これから交流を深めたいと思っている。

一昨年、東大教授をしている田鍋浩義君の招きで、木曽の東大宇宙観測所で六一〇分隊会を開いた。巨大なシュミットカメラを動かして見せてくれた。集まった面々、社長や重役が多かったが、分隊会ではみな三号生徒だ。帰りに故人となった伊藤義一君（岐阜県恵那市）の墓に花をささげた。シクラメンの花がビニールハウスいっぱいに咲いていた。

わずか五カ月の海軍兵学校の生活ではあったが、湖友を中心に波紋のように日本中に広がり、よき友を持ち得たことは戦争の名残とはいえありがたい限りである。

（一九八四年十一月二十二日）

会誌発行・会務の柱失う

――かいつぶり――

今冬二月十一日の早朝、積雪の重くのしかかっているわが家に電話のベルが響いた。県野鳥の会のリーダー岡田登美男さんからである。

「中井一郎先生が亡くなられました。野鳥の会としてどうしましょうか」ということであった。連日の除雪作業で心身共に疲れぐっすり眠り、朦朧《もうろう》としていたときであった。すぐに返答するには全く不用意な事件であった。もう一度先生の死を順を追って確かめながら気の落ち着くのを待った。

翌日大雪の中を大津へ急いだ。奥さんの中井菊枝さん、息子さんの中井徹さんに、初対面で悔やみを述べなければならなかった。

私は弔辞の終わりで「先生は万葉の歌人柿本人麻呂の『近江の海　夕波千鳥汝《な》が啼《な》けば心もしのに古《いにしえ》おもほゆ』を最も愛されました。私はこの歌を繰り返し口ずさみながら、万葉の古人が近江の都を懐かしんだと同じように、この歌を通して先生をいつまでも懐かしむことでしょう。県野鳥の会は先生のご遺志を永久に守り続けます。どうぞご安心ください」と結んで焼香の煙でかすむ先生の遺影に頭を下げた。

思えば昭和四十四年八月、私は山東野鳥の会を解消して県野鳥の会を結成する決心をした。高度経済成長の時期で、近畿のハンターがびわ湖に向かって殺到した時であった。「鳥を撃つ人の会はあっても、鳥を守る人の会がない。何とかしなければならない」。当時私は山東町立大東中学校で三島池の水鳥の研究をしていた。科学クラブOBを集めて山東野鳥の会を結成し会誌「青い鳥」を五号まで出したときであった。松井周内校長も応援してくれ、県の林務課へも再三お願いに上がった。当時の鳥獣係長は滝口覚氏であった。県の全面的支援の下、昭和四十四年八月三十日発起人総会を開催した。
当日、発起人として集まってくれた人は、中井一郎、谷本峰男、岡田登美男、松井周内、森石雄、堀野善博、外村芳夫、片山啓介、原口清一、日下部一夫の諸氏であった。会長は比叡山延暦寺の叡南祖賢氏、事務局長を中井一郎先生にお願いすることに決まった。それ以来十余年、中井先生は会誌「かいつぶり」の編集発行、毎月の探鳥会の計画通知、鳥類調査の取りまとめなど、会務を一手に引き受けていただいた。また南湖鳥獣保護区、びわ湖全域鳥獣保護区指定のための運動を指揮していただいた。

先生を失ったことは、会にとって大きな打撃であり、会員にとって厳しい試練であった。いよいよこれから県野鳥の会の第二期が始まると私は思った。

（一九八四年十一月二十三日）

マツタケもらったことも

——探鳥会——

探鳥会の開催について

やっと秋らしくなりました。そこで、探鳥会を前回中止となった所で再度開催します。

記

一、日　時　一九八三年十月二十三日、国鉄草津駅東口、午前八時四十五分集合
二、探鳥地　金勝山（栗東町）
三、持ち物　弁当、水筒、観察用具、雨具、帽子、タオル、現金
四、案内人　岡田登美男
五、交　通　米原七・三五　草津　大津八・二一
六、雨天中止
　事務局　守山市守山二三七―三、細井忠

毎月一回の探鳥会の通知が届くと私は手帳を出して都合を調べる。この日は空白であったので家内と二人で参加することにした。新調した帽子を二人ともかぶっていそいそと湖北から出発した。草津駅に集合したメンバーは次の通りであった。

田村博志、小坂修三、伊吹恒、片岡哲郎、大橋稔、大橋園枝、福島智己、福島良枝、中村敏博、植田潤、岡田登美男、口分田政博、口分田道子の計十三人。夫婦、親子、中学生、小学生とバラエティーに富んでいた。

帝産バス金勝山行きに乗車、成谷終点下車、湖南アルプス北峰の縦走である。六百メートルを超える峰々の奇岩、絶壁を眺めながら秋空に汗いっぱいの探鳥会であった。今回は健脚向きの探鳥会であった。

カケス、ホオジロ、メジロ、シジュウカラ、ヒヨドリ、ハシブトガラス、ビンズイ、キジバト、ヒガラ、ルリビタキ、イカル、コゲラ、エナガ、アマツバメなどの野鳥に出会った。

キノコ採りの人に出会いキノコの話を聞いた。マツタケがビニールの袋にいっぱいつまってあった。みんなの視線はマツタケに注いでいた。遂に一本ずつマツタケをもらった。すばらしい土産ができたと探鳥を忘れてマツタケの香りをいつまでもかいでいた。

阿星山の見晴らしのよい谷に出た。ここは岡田さんと植田君がタカの渡りを観察しているところである。タカは秋になると毎年ある一定のコースを通って南へ渡る。阿星山もサシバやハチクマの通路にあたる。二人は土、日曜日、ここで終日、空を見つめる。そして通過するタカの種類と数を調べる。茂みの中に観察用のゴザとまくらが置いてある。いちいち持ってくるのが面倒だから茂みに隠しておくのだという。

竜王山を下ったところでエゾビタキの群れに出会った。今日一番の出し物である。一斉にプロミナ（望遠鏡）を立てて、日の当たっているエゾビタキに視線を集中する。白い服に黒い明確なしま模様が美しい。白く縁取られた中にある黒い目がきらきら動いてかわいい。一時間もエゾビタキを見ていたであろうか、短い秋の日がかげり、山の冷気が急に身にしみて、急ぎ足で山を下った。再会を約し西に東に散らばっていった。

（一九八四年十一月二十五日）

出会った人の心は忘れぬ

――自然保護一筋――

「お父さん　ね・ご・ろ　という木津の人から電話がかかってきたよ。また後からかけるって」と、夏休みで東京から帰っていた重夫が言った。「うん根来健一郎先生だ。京大の臨湖実験所におられたが今は近畿大学におられる。珪藻《けいそう》にかけては日本一の先生だよ」

二、三日してから再び電話があり、姉川と天野川の藻類の調査に助手と二人で行くというのである。ぜひ私の家に泊まってください、と頼んだ。今年の九月三十日、奥さんと後藤敏一先生と三人で来られた。その日は三島池へ、十月一日は姉川、二日は天野川へ案内した。二日間、同行し、いろいろ勉強させてもらった。最後の日に、私がいま勤めている学校近くの入江干拓に来てもらった。そして入江干拓の自然保護について現場で先生の意見を聴いた。お礼の代わりに入江干拓の水を分析してやろうといわれた。

私が水生昆虫学をやり始めたのは昭和二十七年である。林一正先生（滋賀大学）の紹介で奈良女子大学の津田松苗先生（故人）の教室へ内地留学させてもらい、トビケラ幼虫の研究をしたのがきっかけである。そのころから臨湖実験所に出入りし、川村多実二先生や根来先生などと近づきになった。その当時は、まだ水質汚染は全く問題になっていなかった。内地留学から帰り、大東中学の科学クラブの生徒たちと伊吹山麓《さんろく》の池沼、河川、湖北湖岸の水生動物と水質の関係を調べて歩いた。昭和三十一年、水生動物の研究の途中で、三島池のマガモ自然繁殖南限地をつきとめた。それ以来、野鳥の方にも首をつっ込んでしまい、今ではどちらが主なのか分からなくなった。

根来先生と二晩、酌を交わしながらいろいろな話をした。私が川村多実二先生から説明用の大きな紙に描いた鳥の絵を借りて、大津の官舎へ返しに行ったときのことである。先生は「もう返しに来なくても君が持っていてくれたらよいのに」と言われた話をしたら「ありがとうございます、と言って、もらっておけばよかったのに」と大笑いされた。私も実のところもらっておけばよかったとつくづく思う。

先生と話しているといろいろの先生の話が出た。鈴木紀雄先生、小林圭介先生、新保友之先生、林一正先生、谷本峰男先生、村瀬忠義先生などが出てきた。私の直接、間接おつき合いしている人たちである。

私の師範学校の友だちに遠藤光治郎君と中川磯治郎君がいる。共に根来先生の門をたたいた友だちである。将来三人で水中の生物の本を書こうと誓い合った仲だ。中川君は途中交通事故で失明し、現在マッサージ師をしている。遠藤君は東大津高に勤め、県下の教育界では藻類学の第一人者になっている。

私は自然とつき合って三十年余り、いろいろの人に出会った。両陛下、常陸宮殿下にもお話しする機会を得た。また川村先生や中西悟堂さんなど県内外の研究者とも親しくつき合うことができた。野鳥や水生昆虫の名前を忘れても、出会った人々の心は決して忘れないだろう。自然保護を一貫してやって来た幸せをしみじみ感じている。

（一九八四年十一月二十七日）

コラム

私の終戦録

中日新聞「湖国随想」

八月六日朝、物理学の授業が始まったとき、ピカッと雷光が目前を走った。間もなく無気味な風が教室の乾いた床を通り抜けた。空襲警報のサイレンが天を突くように鳴り響いた。きのこ雲が晴天にくっきり見えた。かくして私は広島市より四、五キロ離れた江田島の海軍兵学校で終戦を迎えた。

職業軍人の卵（十六歳）である海軍兵学校生徒は生きて帰れるとは思えなかった。ところが八月二十日「帰郷準備せよ」との達しが出たのだ。学校内は急に生気を取り戻し、厳しかった上級生も一転して親しく語り合えるようになった。

二十四日、江田島から宇品へは上陸用舟艇で運ばれた。宇品から広島駅へ進むにつれて、家が傾き、壊れ、焼け、広島の中心部に行くと全くの焼野原であった。原爆投下後十七日目、いまだ放射能が強く残っていたときであった。

広島駅からは石炭運搬用の無ガイ貨車にぎっしり詰め込まれたが汽笛が快かった。天気もよく月夜であった。時々汽車はトンネルに出入りし、蒸気機関車の吐き出す黒煙に歓声が上がっていた。一番長いトンネルは京滋県境の逢坂山トンネルであった。黒煙、熱湿気、真っ暗やみ、目、のど、息づまり、玉の汗。思わず布袋をかぶったがだめであった。このトンネルを抜けると懐かしいふるさと、琵琶湖が見えるのだ。嬉しさと苦しさでやみの中で泣いた。

トンネルを抜けて見たふるさとは湖も山も街もぱっと明るく無事であった。同郷の友と思わず万歳を叫んだ。

近江長岡駅に降り立って最初に目をやったのは伊吹山であった。「伊吹山を仰いで大きくなれ！　きっと偉い人になれる」と私の先生はよく言った。しかし、今、私は兵学校の夢破れ一人しょんぼり伊吹山と対している。日の丸の旗の波と歓呼の声に送られた三月の旅立ちとは打って変わってのさびしい帰郷であった。

八月二十五日午前十時、私は懐かしのわが家にたどり着いた。あまりの急な出来事に、父母も姉たちも茫然、声も出さずただ手をたたいていた。

家には駐留の日本の兵隊さんが数人来ていた。私の村のあちこちに高射砲やサーチライトが配備してあったのである。

八月二十五日は私の村の秋祭りの宵宮であった。

「入校前の身体検査で何とか不合格になって帰ってくるんやで」と再三念を押した母。祭りの赤飯が私の帰郷祝いに早変わりして喜んでくれた。

あれからはや五十年。同分隊同期生十六名のうち五名がすでにこの世を去った。私はまだ山歩きやバードウォッチングを楽しんでいる。ありがたいことである。

豊かになったふるさと、平和な日本に感謝し、美しい緑の山河、碧い琵琶湖がいつまでも続くことを祈らずにはおられない。

（一九九四年八月二十二日）

◆楽しい探鳥会◆

八丁平探鳥会

雪野山探鳥会

賤ヶ岳探鳥会

第1章　琵琶湖は水鳥のふるさと

的場政太郎書

ウミネコ——ネコのように鳴く鳥

天女のように舞い降りて

ウミネコは、カモメの仲間で日本に一番多い海鳥です。北へ行くほど多く見られます。びわ湖では大変少なく、淡水には不向きのようです。ミャーオミャーオとネコのように鳴くのですぐ分かります。

平成十四年三月、このウミネコ一羽が、山東町の三島池に天女のように舞い降りました。もちろん三島池初記録で、この姿を見たとき、足が震えるほど感激しました。私は毎朝、水鳥をカウントするために三島池を一周しています。ウミネコを発見した途端、カウントを中止して、望遠レンズを取りに走りました。午前中、池に滞留してくれましたので、再三会いに行って、「ようこそ、ありがとう」と声をかけました。

ウミネコは弁天さんの使い

ウミネコは魚群を知らせる弁天さんの使いです。イワシの群れがやってくると、まずウトウ

船の窓から見るウミネコ（北海道）

（海鳥）が飛び立って海深く潜り、イワシの群れを水面近くに追い上げます。これを見つけたウミネコが飛び出して、イワシの群れに襲いかかります。イワシはウミネコを恐れてひと塊になります。このウミネコの乱舞するのを見つけて、漁船が急行し、一網打尽にイワシをすくい上げます。「漁夫の利」とはこのことでしょうか。

ウミネコの有名な繁殖地である青森県八戸市《はちのへ》の蕪島《かぶしま》には、弁天さんを祀った厳島神社があります。この島には、三万羽におよぶウミネコが集まり繁殖しています。観光客も年間おおよそ三十万人、目前で産卵、抱卵、子育てが見られるそうで、天然記念物に指定されています。

四年経って一人前

カモメ類は数年経たないと一人前になりません。成長するにしたがって色彩が変わるので、見間違えることの多い水鳥です。

ウミネコは、一年目は濃褐色、二年目はやや薄い褐色、三年目は体が白色で背は黒色、尾羽の先端に黒帯ができ、クチバシの先端が黒くなります。四年目でようやく成鳥になり、全体は三年目とほぼ同じですが、黄色のクチバシの先端部が黒く、一番先端がきれいな赤色になります。足は黄色。ユリカモメなどの足は赤色なので、見分ける一つのポイントになります。

きびしい一夫一婦の鳥

海岸の崖や安全な草原にコロニー（集団営巣地）を作って繁殖します。毎年同じ番《つがい》で、同じ地点に来て巣を作ります。雌雄同色で、交代して抱卵《ほうらん》、子育てをします。たいへん厳しい一夫一婦制のようで、どちらかが不慮の災難で亡くなりますと、一羽で子育てをしなくてはなりません。そんなとき、親が餌を捕りに行っている間に、雛が巣から這い出して隣の巣に近づこうものなら、たちまち、隣の親に突っつかれて一命を落としてしまいます。普通、巣と巣の間隔は約一メートル、厳しい夫婦制とともに、縄張りもたいへん厳しい鳥です。

船に群がってついてくる

漁船やフェリーにつきまといます。残飯、魚の料理クズ、それに観光客が投げるお菓子を求めて航跡を追って来ます。フェリーなどの窓すれすれに飛ぶウミネコを見ていると、頭を左右に動かして餌を探している様子や、クチバシ、足の色などが、額に収まった写真のように観察できます。泳ぐことも上手で、前指三本の間に水掻きもちゃんとあり、他の水鳥の捕らえた魚を横取りすることもあります。

ウミネコによく似ているオオセグロカモメ

びわ湖での観察ポイント

防波堤にたくさんのカモメ類が並ぶことがあります。ほとんどはクチバシや足の赤いユリカモメですが、中に少し大きいカモメ類がいます。それはカモメやウミネコなどです。クチバシの先が黒く、さらに先端が赤ければウミネコです。びわ湖では、ウミネコは主として冬鳥ですから、冬場見ることが多いでしょう。時によると、二、三十羽群れていることもあります。

（二〇〇三年二月）

以下文末の（ ）の中は「み～な」に掲載された年月

オオハクチョウ――ハクチョウの集まる池に人あり

瓢湖《ひょうこ》のオオハクチョウ

「コーイコイコイコイ」。瓢湖（新潟県）の水面に吉川さんの声がさざ波のように広がっていきます。ハクチョウやカモたちは首を伸ばしてこの声を待っているのです。間もなく大きなうねりのように、吉川さんに向かってハクチョウたちが押し寄せて来ます。吉川さんが餌を播くと、オオハクチョウの背中にカモたちが飛び乗って、餌を奪い合います。

「吉川さん以外の人は声をかけたり餌を播いたりするな！」と、立て札に書いてあります。みだりに声をかけて餌をやらなかったら、ハクチョウは人を信頼しなくなる、というのです。昭和二十五年一月十八日、数羽のハクチョウが瓢湖に飛来したのを、吉川重三郎さんは苦心して餌づけに成功。二代目吉川繁男さんも父の遺志を引き継いで餌づけし、現在、数千羽のオオハクチョウが飛来する、名実共に日本一の白鳥の湖にしたのです。

クチバシに三角形の黒斑のあるオオハクチョウ（盛岡市・高松池）

高松池のオオハクチョウ

一昨年（平成九年）、次男のお嫁さんを岩手県盛岡市から迎える内々の話が進み、家内と共に盛岡のお宅へお願いに行きました。「幾久しくよろしく」とのお返事をいただきました。

盛岡にも「高松池」という白鳥の湖があります。十一月末、百羽余りのオオハクチョウが来ていました。餌をやっているおじいさんが、「毎年同じハクチョウが来てくれるので、大事にせにゃ」と言います。「どうして同じハクチョウだと分かるんですか」「クチバシの黄と黒の模様が違うんで。ホラ、このハクチョウはクチバシに小さい三角形の黒いマークがあるでしょう」「なるほど」……。

真っ白なオオハクチョウの巨体に、鶴亀の大きな紅白の水引を背負わせて祝いたいような、忘れることのできない高松池でした。

三島池のオオハクチョウ

昭和六十年一月二日、大雪。「三島池にハクチョウが来ています」との知らせで、池へ急ぎました。果して、湖国初認のオオハクチョウ七羽が、氷の割れ目を泳いでいました。実によく慣れていて、掌に載せたパンを食べました。「きっと瓢湖のハクチョウが、この大寒波のために南下して来たのだろう」と、皆で喜びました。それ以後、三島池にはハクチョウは音沙汰なしです。

びわ湖のオオハクチョウ

コハクチョウは、例年三百羽前後びわ湖に飛来していますが、オオハクチョウは五〜七羽くらいしか確認されていません。

日本に飛来するのはオオハクチョウの方が多いのですが、日本の北の方で留まってしまいます。コハクチョウは少し体が小さいので体温が保ちにくく、暖かい南の方で越冬するのだと言われています。大寒波がやってくるとオオハクチョウもやむなく南下してくるのでしょう。ちなみに、平成九年から十年にかけての冬はたいへんな暖冬でしたので、オオハクチョウはびわ湖では一羽も確認されていないようでした。さて今年の冬はどうでしょうか。大寒波は来てほしくないのですが、オオハクチョウはたんと来てほしいものです。

（一九九九年二月）

オシドリ――夫婦仲むつまじい鳥

三島池にオシドリ夫婦が定着

今回は、夫婦仲むつまじいオシドリを散歩の友としましょう。オシドリは山形県、鳥取県が県の鳥に、湖北では余呉町が町の鳥に決めています。美しく仲むつまじい平和な県や町のイメージが伝わってくるではありませんか。ちなみに、県内五十市町村のうち三十六市町村で市町村の鳥が決められています。

オシドリは「愛《お》し」で、雌雄が一生連れ添うと言われています。私が大東《だいとう》中学校に勤めていたころ、傷ついた雄のオシドリを保護したことがあります。翼を骨折して飛べなかったのですが、元気になったので三島池へ放してやりました。数日後、雌雄が連れ添い、喜々として泳いでいるではありませんか。おそらく連れ合いの雌は、あちこち雄を捜し回ったに違いありません。そしてやっと三島池で連れ合いを見つけ、お互いの無事を喜び合っていたのでしょう。

オシドリの交尾（三島池）

当時三島池では、オシドリは二、三年に一度、数羽が見られたにすぎませんでしたが、この飛べないオシドリ夫婦が定着するようになってから、他のオシドリのカップルも続々と三島池に集合するようになりました。今では五十羽以上見られます。

森に囲まれた池に飛来

十年ほど前、長浜市の常喜溜《じょうぎだめ》がオシドリの池で、三、四十羽が池の東側の岸や高木の枝に休んでいました。余呉湖でも百羽以上の群れを見かけました。オシドリは、ドングリの木の多い森に囲まれてひっそりした池に飛来します。高《たか》時川《ときがわ》上流の上丹生《かみにゅう》、醒井《さめがい》養鱒場の渓流、高月町の雨森《あめのもり》などでは樹洞《じゅどう》で繁殖しています。

姿に似合わず気性が強い

オシドリは高木の洞に卵を産み、孵化《ふか》すると間もなく降りてくるのですが、どうやって降りるのか、長い間疑問でした。昭和二十八年、昭和天皇が吹上御殿で、高木から飛び下りる雛を観察され、この疑問が解けました。親はまったく手助けしないので、ときどき飛び降り自殺になる雛もいるようです。厳しい親ですね。

東京の不忍《しのばずの》池《いけ》では、餌台にカモが群がっていると、オシドリがやってきてカモたちを追い払い、餌を独占するそうです。姿に似合わず気性の強い鳥のようです。夫婦仲むつまじく見えるのも、うっかり浮気でもするなら、互いに厳しく切諫《せっかん》されるので別れられないのではないか、と言う人もいます。

常喜溜や神田《かんだ》溜では、水鳥を保護すればオシドリの池になると思います。

（一九九七年三月）

オシドリ親子（醒井養鱒場入口）

オナガガモ――スマートな公園の鳥

尾が長い鳥たち

尾が長い動物は鳥の他にもたくさんいます。鳥の仲間にもオナガ、オナガミズナギドリなどがいます。野鳥ではないのですが、「土佐のオナガドリ」は国の特別天然記念物になっていて、尾の長さが実に十メートルに及ぶものがあるそうです。

また尾が長くても〝オナガ〟という修飾語がついていない野鳥もいます。サンコウチョウの雄はスズメくらいの大きさですが、尾羽が三十センチくらいあります。ツバメの尾もずいぶん長く、燕尾と言われる独特の形をしています。

尾の長い方が雌にもてる

尾が長いと、サルのように木に巻き付けられるし、トカゲのようにいざという時、自ら尾を切断して難を逃れることができます。尾を攻撃の武器に使うもの、蚊や蜂を追っ払うしっぽもあります。

オナガガモ　オス同士の争い（三島池）

しかし、鳥は尾が長いと空気の抵抗も大きいし、密林を移動するとき邪魔になるのではないかと思います。それなのに尾が長い鳥がいるのはどうしてでしょうか。研究によると、尾の長い雄ほど雌によくもてるのだそうです。尾の長い雄はスマートで格好よいからでしょうか。

ある種の尾の短い雄に、他の雄の尾羽をセロハンテープでひっつけて長くしてやったら、その途端に雌にもて始めたそうです。また、学者の研究によると、雌が尾の長い雄を選んで結婚するのは、スマートで格好よいからではなく、尾の長い雄ほど寄生虫が少なく、健康で子育てによく間に合うためだそうです。雌の雄選びは、実はいかにして立派な子孫を残すかにあると言えましょう。

尾が長いオナガガモの求愛

オナガガモの雄は、雌よりも尾が長く、首も長くて八頭身。頭はチョコレート色、首、胸、腹は白く、下尾筒は黒色で、尻の脇は黄白色と、鮮やかな色彩です。

池のオナガガモをじっと見てください。尾の長い雄が全身褐色の雌にもてているでしょうか。オナガガモの雄が雌に求愛するとき、確かに長い首をさらに伸ばしたり、長い尾を雌に見せびらかすような誇示行動をします。雄も雌も自分の遺伝子を伝えるために一所懸命なのです。

餌をやると集まってくる鴨

オナガガモは、給餌《きゅうじ》し始めると集まってくるカモです。浅井町の西池でも、新旭町の湖岸でも、餌をやって数年後、わんさとオナガガモが集まるようになりました。東京上野の不忍池、伊丹の昆陽池《こやいけ》、猪苗代湖《いなわしろこ》の長浜湖畔には、踏み潰すほどのオナガガモが集まっています。人を恐れないカモ、恐れるカモ。彼らの長い歴史のなかで培われた人への恐れや親しみの感覚の現れです。人を恐れる鴨たちも、人の野鳥への対応で、恐れないようにゆっくり変わっていくことでしょう。

（一九九八年四月）

オナガマガモ？——なぞを秘めた鴨

三島池で見つかった雑種

今回取りあげたのは、一昨年（平成十一年）の十一月、三島池で見つかったオナガガモとマガモの雑種です。両方の和名を組み合わせて「オナガマガモ」と呼ぶことにします。もちろんどんな図鑑を調べてもオナガマガモの名は出てきません。昨年（平成十二年）十一月、同じ個体と思われるオナガマガモが三島池に帰って来ました。カモの秘めた謎が一つ、二つ解けそうに思われます。三島池を忘れずに帰って来てくれてありがとう。

カモは雑種ができやすい

普通、動物は自然環境下において、異種間で雑種が生まれることはほとんどありません。たとえ生まれたとしても、雑種には生殖能力がないといわれています。しかしカモ類は、他の鳥類に比べて自然環境下で雑種ができやすいのです。それはどうしてでしょうか。種間の差が小さいのでしょうか。
私の考えでは、カモ類では雄の数が雌の数よりたいへん多いのです。そこでペアを組めなかった雄が他の種類の雌に強引に求愛するのではないかと……。

マガモとカルガモのペア

三島池で水鳥を観察していますと、夏を越した冬鳥のマガモの雄と留鳥のカルガモの雌とがペアになっているのをよく見かけます。両者が交尾しているのを見たことはありませんし、もちろん、雑種が生まれたことも確認していません。

国内では両種の雑種はよく見られるようです。今年（平成十三年）、三島池でもマガモとカルガモの雑種らしい個体を望遠鏡で見ていますし、野鳥にかなり詳しい人からも報告を受けました。しかし、まだシャッターチャンスがありません。

オナガマガモってどんな鴨？

写真のオナガマガモを見ていただくと、この個体はオナガガモとマガモの中間の形や色彩をしていることがわかります。オナガガモの雄の尾羽はすーっと長く伸びて剣先のようですし、マガモの雄の尾羽の上の羽は短くて小さく円形にカールしています。オナガマガモの尾羽は長くて上方に半円状に曲がっています。

オナガガモの胸や首は白く、その白色の先端が頭の後ろまで伸びています。マガモは首に白

オナガマガモ（三島池）

色の細い輪があります。このオナガマガモは、首の白い部分がマガモのように輪にならず、オナガガモのように頭の後ろの方に伸びています。胸や首の色は両種の中間の淡いブドウ色です。クチバシの色や模様はオナガガモにたいへんよく似ています。

オナガマガモが教えてくれたこと

一つは、オナガガモとマガモの雑種が確かに自然環境下で生まれているということです。書物では見ていましたが、私が現実に確認できたのは初めてです。

二つめは、「毎年同じカモがシベリアと三島池を往復しているのですか」とよく尋ねられるのですが、この質問に「イエース」と答えられそうな事実をつかんだということです。数少ない珍しいオナガマガモが昨年に引き続いて三島池にやってきたので、同じ個体が往復したと考えられるからです。来年もう一度このオナガマガモが帰って来たら、もっと自信をもって「イエース」と言えそうです。（その後、四年連続して三島池に帰ってきています）

オナガマガモの浮寝（三島池）

二十一世紀の夢

「雑種は生殖能力がない」と先に書きましたが、最近発行された鳥類図鑑『日本の鳥五五〇 水辺の鳥』（文一総合出版）に次のようなことが書かれています。

「鴨類の雑種個体の中には生殖能力を持つものがあるが、これも他のグループの鳥の雑種ではまず見られないことである」と。

このオナガマガモの個体にもし生殖能力があれば、来年の冬には子ガモを連れて帰って来るのではないか。どんな子ガモを連れて帰ってくるのだろうか。二十一世紀の私の夢のまた夢です。

（二〇〇一年二月）

カワウ——時の鳥・なぞの鳥

糞で林が枯れていく

今年（平成九年）の二月末、ＮＨＫの『クローズアップ現代』で「カワウの異常繁殖」がテーマになりました。今や、カワウは時の鳥です。特にびわ湖では、時の鳥を超えて〝恐怖の鳥〟になりつつあります。カワウの糞で竹生島《ちくぶしま》の夕ブ林や伊崎（近江八幡市）のヒノキ林が枯れていくのです。魞《えり》つぼの魚や河川に放流されたアユが、カワウの一斉攻撃を受けているからです。

県は遂に平成四年、害鳥駆除としてカワウ五百九十二羽を処置しました。その後年々処置数を増やし、七年には二千二百十六羽を駆除しました。その効果あってか、県内で越冬するカワウは、平成四年に二千七百十三羽であったものが、平成八年には千五百十八羽に減りました。しかし、夏の繁殖期のカワウは、平成六年に三千八百四十三羽であったのに、平成八年には遂に一万羽を超えたのです。強き鳥カワウです。

一時は営巣地が減少

ウの語源は「浮く」とも「産む」とも言われています。「産む」とは、古来安産を祈って産室の屋根をウの羽で葺《ふ》いたという神話に由来するのだそうです。鵜飼いは大和時代に中国より伝来したものと言われ、岐阜の長良川は有名です。また「鵜呑み」「鵜の目鷹の目」「鵜の真似をする鳥」などと、ユーモアたっぷりの警句にも使われている鳥です。

鵜飼いに使われているウはウミウ、びわ湖にいるウはカワウで、ともに全身真っ黒の大きな鳥です。繁殖期になると頭と首が白くなり、足の付け根に大きい楕円形の白斑ができます。竹生島や伊崎には、数百巣にも発達したコロニー（集団営巣地）があります。カワウは、朝コロニーを発って餌場に向かい、夕方、ガンのように編隊を組んでコロニーに帰ってきます。

かつて日本ではカワウはごく普通の鳥で、各地で見られたのですが、戦後急速に開発が進んだのと、河川湖沼が汚濁したために、その住みかや餌の魚が減り、一九五〇年頃から急激に減少、一九七〇年代には全国のコロニーがほとんど消滅してしまいました。環境庁もカワウの保護に乗り出し、天然記念物にも指定しました。

人とカワウの共生の道は

びわ湖でも、昭和十六、七年頃にはかなりの数が繁殖していたようです。その頃、サギとカワウ合わせて一万羽余りを撃ち落としたと、当時の新聞が伝えています。戦後、竹生島の北壁

竹生島のコロニー

は白サギのコロニーで占められましたが、カワウの繁殖は見られませんでした。しかし、昭和五十七年五月、少数のカワウの繁殖が確認されました。それ以後急激に増加し、コロニーを竹生島全体に広げる勢いです。同年、伊崎に別のコロニーが誕生し、今や竹生島のコロニーに匹敵するまでになりました。

どうしてそんなに増えたのでしょうか。一説には、人間が水質浄化に取り組んだので、カワウの餌になる魚が増えたからだと言う人もいます。特にびわ湖では、ブラックバスの増加とカワウの増加時期が一致していると論じる人もいます。また、強制的な駆除でカワウは分散し、その分散地点で勢力を伸ばし、コロニーにまで成長させたためではないかと考える人もいます。

なぞの鳥カワウ。ラムサール条約（特に水鳥の生息地として国際的に重要な湿地に関する条約）指定地のびわ湖で、人とカワウの共生の道を見つけなければなりません。今全国各地でいろいろな試みが続けられています。

（一九九七年五月）

カワウの抱卵（竹生島）

カワウの群れ（犬上川河口）

コガモ——コの付く鳥はみな小さいか

コの付く鳥はみな小さいか

コの付く鳥には、コガモ、コアジサシ、コゲラ、コサギ、コハクチョウ……　とたくさんいます。コの付く鳥はみんな小さいかって？　そんなことはありません。コハクチョウなんて巨大な鳥ですが、近似種に少し大きいオオハクチョウがいるから遠慮してコを付けて区別しているのです。コガモもカモ（マガモ）より小さいカモという意味です。

いつか学生たちと野外観察に出かけたとき、「これがニシキソウでこれは小さいからコニシキソウ」と説明したら一斉にブーイング。

「先生！　小錦は一番大きい力士ですよ」

「うーん、大錦より小さいのかもしれんなあ、大錦が見たいなあ」

そのころ小錦関は大人気の力士で、巨大なものの代名詞になっていましたからね。

古名「たかべ」「刀鴨」

コガモの古名はたかべで、すでに万葉集に出ているのです。「たか」は高で、「べ」はめ(群)の転じたものと言われています。群れで高く飛ぶことから名付けられたのでしょう。刀鴨は、コガモは味が絶佳で、その脂肪を刀に塗ればさびないことからこの名が付けられたと言われています。昔の人は刀のさび止めを自然の中に探し求めたのでしょう。現在もまた難問の答えを自然の中に求めようとする科学が進んでいます。

コガモのチャームポイント

写真がカラーだったら「百聞は一見に如かず」なんですが…。淡水ガモの次列風切羽《じれつかざきりばね》は緑・青・紫などの金属光沢があって、鏡のように輝いているので翼鏡《よくきょう》と呼んでいます。種類によって翼鏡の色の配列が違うのです。淡水ガモの雌と雄の色彩はずいぶん違っているのですが、翼鏡だけは雌雄同色です。連れ合いを探す目印になっているのでしょうか。

コガモの翼鏡は鮮やかな緑で、その上下に太い白線が入るのでさらに緑が輝いて見えます。雄の下尾筒《かびとう》は明るい黄色ですが、黒線で三角形に縁取られています。求愛のとき雄はこの二つのチャームポイントを雌にアピールするのです。このチャームポイントを望遠鏡で見た人はいっぺんにコガモファンになってしまうのです。コガモの雌が雄に引きつけられる理由が人間にもよく分かるというものです。

コガモの雄と雌（浅井町・西池）

種を超えて求愛する鴨たち

コガモは広い湖面よりは近くにヨシ原がある奥まった入江、湖岸、河口や溜池を好みます。カモの仲間では一番早く、九月中頃にはもう湖国に渡って来ます。そして十一月頃からペアをつくり交尾も始めます。カモ類の雄は雌にほれっぽく、種を超えてでも求愛するようです。その証拠にカモの仲間には雑種がよく見られるのです。今冬、山東町の三島池でもオナガガモとマガモの中間形が発見されました。

カモの群れが騒いでいたら鳴き声にも耳を傾けてみましょう。グェッグェッはマガモ、ピリッピリッはコガモ、ピューンピューンはヒドリガモです。雌と雄の鳴き声の違いも発見できるでしょう。ピリッピリッ、クェークェーと鳴き交わすコガモのラブソングを聞くのも楽しいものです。私は最近少し耳が遠くなってきました。カモたちのラブソングが楽しめなくなってください。若いうちに楽しんでおいてください。

（二〇〇〇年四月）

カルガモの雄と雌（三島池）

コハクチョウ
――待ちに待ったハクチョウが飛来

「ハクチョウがびわ湖に来ましたよ！」

「ほんまのハクチョウが来たのですか」

「ほんまのコハクチョウです。早く見に来なさい」

電話の向こうで友だちのはずんだ声。昭和四十九年十一月十八日の朝のことでした。びわ湖全域が鳥獣保護区になって三年目。「もうそろそろハクチョウが来てくれんかなぁ」と、皆が待っていた矢先のことでした。びわ町早崎、湖周道路建設中の土盛りの高台から七羽のハクチョウが見えました。コォーッ、コォーッという初めて聞く嬉しい声が、今でも耳底になつかしく残っています。

びわ湖最大純白無垢の水鳥

びわ湖周辺で見られるハクチョウ類は、大きい順にコブハクチョウ（彦根城のお堀）、オオハクチョウ（毎年数羽）、そしてこのコハクチョウです。コハクチョウといっても全長約百二十センチ、翼開長約百八十センチ、体重四～五キログラム。沖にいるとオオハクチョウとの区別はできません。ただコハクチョウはクチバシの黒い部分が多く、近くで見るとよく分かります。

日本、びわ湖の渡来地

コハクチョウは、オオハクチョウの繁殖地より北のユーラシア大陸の極北地方で繁殖します。そして日本に渡ってくると、オオハクチョウよりも南の方まで下がってきます。福島県の猪苗代湖《いなわしろこ》、びわ湖、そして島根県の中海《なかうみ》などが有名な渡来地です。びわ湖には十月中旬から三月中旬まで羽を休めます。湖北が主ですが、湖西、長浜、彦根などの湖岸でもみられる時があります。近年、南湖の赤野井湾に数十羽が定着し、土地の人が給餌しています。

麦田で草を食べるハクチョウ

近年びわ湖の水位が高く、転倒して長い首を伸ばしても、底に生えている水草が食べられないのか、麦田に上陸して草を食べるようになりました。日本各地のハクチョウも主な餌場は水田です。現在、びわ湖には三百羽余りのコハクチョウが飛来しています。そして家族単位の三~五羽で移動しています。幼鳥は少し褐色がかっていますので、すぐ分かります。いくつかの家族が集まって群れをつくります。

「白鳥の湖」になってほしい

全国にはいくつかの白鳥の湖があります。コハクチョウは全国で約七千羽、オオハクチョウ

上陸したコハクチョウ。後方は盤梯山（福島県・猪苗代湖）

は約一万羽が越冬しています。このうちびわ湖へ数千羽来てくれないかと思っています。そのための準備、対策を、全国の白鳥の湖に倣って進めたいものです。

（一九九八年十二月）

コブハクチョウ（彦根城）

バン――住みかはヨシ原

鳥の名は……

水鳥の写真説明のとき、「この鳥の名前は一回しか言いませんよ。しっかり聞いて覚えてくださいよ」と繰り返し言ってから、静かになったときを見計らって……、机を大きくたたいて「バン！」と大声を出します。聞いていた子どもたちは何が起こったのかとビックリします。「なんちゅう名前の鳥でしたか？」と落ち着いてゆっくり尋ねると、子どもたちは机を同じようにたたいて「バン」「バン」。しっかり心に刻み込めたようで、皆がにっこりするのを嬉しく思います。

バンには水掻きがない

バンは水に浮かぶれっきとした水鳥ですが、水掻きがありません。指は気持ち悪いほど長く伸びています。そのため、泳ぐ速さは遅く、おまけに首を前後に振って反動をとりながら進みます。

バンの親子（三島池）

しかし、倒伏《とうふく》の多いヨシ原の上を上手に歩いて逃げ隠れします。余程のことがない限り飛び立つことはありません。飛ぶときは長い足と指をだらしなく垂れ下げて、短い距離を移動します。

口元の真っ赤な鳥

一見、黒い塊が浮いているように見えますが、よく見るとクチバシと額は真っ赤です。親鳥はハト、ひなはスズメくらいの大きさですが、共にクチバシと額は真っ赤です。クチバシの先は黄色く、黒い腹部の脇には白い斑紋が十個ほど並んでいるので、白い帯があるように見えます。よくよく見ると足の付け根も赤くなっています。

警戒心の強い鳥で、人を見かけるとすぐヨシ原に逃げ込みます。同じクイナ科のクイナ（冬鳥）ほどではありませんが、すぐ隠れるのでゆっくり観察できません。

　でも、公園の池などにいるバンは人慣れしていて、手をたたいたりしても逃げないのがいます。シャッターチャンスです。

バンは夏鳥か留鳥か

　バンを図鑑で見ると、夏鳥と書いてあるのが普通です。日本列島は南北に細長いので、北の方では確かに夏鳥ですが、南の方では留鳥です。日本列島の中央部に位置する滋賀県ではどちらでしょうか。県内のバンは、冬はかなりの個体が南に移動しますが、一部は残って冬を越します。したがって県内では留鳥といった方が良いと思います。

　地球温暖化が進んだら、バンは大部分県内で冬を越すようになるでしょうし、ツバメも数多く残ることになりましょう。しかし冬鳥のカモたちはもっと北のほうで足を止めてしまって、びわ湖に来る数が減るかもしれません。

バンの天敵はなんでしょうか

　バンは水田に住み、水田の番をするので「鷭」という字を当てるとか、漢名「鴋」、方目《ばん》の転じたものといわれています（『日本鳥名由来辞典』）が、異論も多いようです。

　バンはヨシ原の水鳥ですから、その数はヨシ原の広さに大きく関係します。

　水中から伸びたヨシ、マコモ、時にはショウ

オオバン（びわ湖）

ブなどの抽水《ちゅうすい》植物の群落の中で繁殖し、子育てをします。びわ湖では最近、バンよりも少し大型のオオバンの方が多くなっています。バンは、『滋賀県で大切にすべき野生動物』（二〇〇〇年版）では、希少種（県内百十七種）の中に入っています。

バンの天敵はバンの卵を狙うアオダイショウやカラスが主な存在です。しかし、開発を進め、ヨシ原を減らしている人間も間接的な天敵といえるのではないでしょうか。

（二〇〇一年十月）

※抽水植物
浅水に生育し、根は水底に存在し、茎、葉を高く水上に伸ばす植物。

ヒシクイ（ガン）

――いとおしい巨大な水鳥

雁風呂《がんぶろ》

「ガンガン渡れ、棹《さお》になって渡れ、鍵になって渡れ！」

私の子どものころ、夕焼け空に向かって、村の子どもたちは一斉に手を振って叫びました。そんな夜、母は雁風呂の民話を話してくれました。

「ガンが北の国から海を渡って日本に来るとき、必ず木をくわえて渡って来るのです。疲れると木を海に浮かべ、その上で休み休み、渡って来るのです。日本に着くとその木を海辺に置き、帰るときまたくわえて北の国へ旅立つのです。でも、毎年多くの木が海辺に残ります。病気や傷で倒れて、帰れなくなったガンがたくさんいるからです。海辺の人たちは、この木を集めて風呂を沸かし、帰れなくなったガンの供養をするのですよ」

強い夫婦の絆《きずな》

ガンの夫婦は強い絆でしっかり結ばれていま

す。どちらかが病や傷で北へ旅立てなくなると、連れ合いは帰るギリギリの期限まで残ります。傷ついて飛べない鳥の上空を、家族は励ますように鳴きながら飛び交います。こんな家族愛が、湖北でも何回か観察されています。長い旅をする大きな鳥（翼開長約一・六メートル）だけに、夫婦や家族の絆が大切なのでしょう。いとおしさが胸に迫ります。

地域を定めない国の天然記念物

昭和三十四年、大阪空港近くの昆陽《こや》池からガンは姿を消しました。昭和五十七年、ガンの集団越冬地（約三百羽）であった山東町の三島池からも姿を消しました。今ガンの集団渡来地の南限は、浅井町の西池と湖北町の湖岸で、約二百羽です。全国的にもすっかり少なくなり、昭和四十六年、国は天然記念物に指定しました。全国で六〜七千羽くらいしか渡って来ないからです。

ガンを保護するために、「ガンの里親」を募っています。ガンはカムチャツカ方面で繁殖期を迎えると、羽毛が抜けて飛べなくなります。そのとき、番号を印した首輪を付けて渡りのルートを調べるのです。首輪を付ける費用を出してくれた人がその里親というわけです。

ガンを守るために

ガン類には、ヒシクイ、マガンなどがいます。湖北に渡って来るのはオオヒシクイという亜種が主で、マガンも少しやって来ます。オオヒシ

マガン（宮城県・伊豆沼）

クイは警戒心がたいへん強く、他のヒシクイが眠っているときも一、二羽だけは首を伸ばして見張りをしています。ハクチョウのように餌づけもできません。ただ安心して休める場所、餌になるヒシやマコモなどの水草がたくさん育っている広い湿地を準備してやることが、ヒシクイを守る唯一の方法なのです。

（一九九七年十二月）

●ガンの里親制度についてのお問い合わせは●

〒989-5502
宮城県栗原郡若柳町川南南町16
呉地《くれち》正行さんまで
TEL 0228-32-2004

ヒドリガモ
――びわ湖で一番多いカモ

びわ湖のカモ類ベストテン

「びわ湖で一番たくさん見られるカモって何でしょうか」と尋ねると、「マガモ?」「カルガモ?」という答えが返ってきます。「ヒドリガモですよ」と訂正しますと、「ヒドリガモってどんなカモ?」とけげんそうなまなざしが私のひとみを窺います。ヒドリガモは案外湖国の人たちになじんでいないようです。

カモ類には、陸ガモといって主として内陸の湖沼に多く飛来し、田畑で餌をとったり、湖沼で倒立して水底の水草などを食べる種類と、海ガモといって主として海に飛来し、潜水して魚や貝を食べる種類がいます。

びわ湖は海のように広い淡水湖ですから、両方のカモ類が集まって来て賑やかです。びわ湖にやってくるカモのベストテンは次ページの通りです。

（ ）内は平成八年～十年度の水鳥一斉調査の年平均羽数です。

一位　ヒドリガモ（陸ガモ　約一万羽）
二位　キンクロハジロ（海ガモ　約八千羽）
三位　ホシハジロ（海ガモ　約八千羽）
四位　マガモ（陸ガモ　約七千羽）
五位　コガモ（陸ガモ　約四千羽）

以下、カルガモ、オカヨシガモ、オナガガモ、スズガモ、ハシビロガモの順です。これら十種類くらいが見分けられると、カモたちと仲よしになれると思います。

緋鳥鴨（ヒドリガモ）

緋は火のように赤い色を指しますが、ヒドリガモはそんなに赤くはありません。赤というより赤みがかった茶色、栗色に近い赤です。雄は頭から首までが赤褐色、額から頭頂にかけて黄白色の色帯が目立ちます。このポイントに目をつけて、隣に寄り添っている全身茶褐色の雌を確認してください。頭でっかち、首とクチバシの短いカモがヒドリガモです。

カモ類一の美声の持ち主

普通カモ類はグェグェ、ガーガーと低い濁った声で鳴きますが、このヒドリガモの雄はピュウーイピュウーイと口笛のような透き通った声で鳴きます。この声を耳にしたら近くにヒドリガモがいます。ヒドリガモは他のカモと違って昼でもよく活動します。陸に上って草をちぎって食べたり、水草を食べたりします。短いクチバシ、頑丈な顎《あご》が草をちぎるのに便利にできているのです。昼もよく鳴きます。

勢力拡大中

最近池や沼などにも多く見られるようになりました。数十羽の群で昼間でも元気よく活動していたらヒドリガモです。パンくずなどを投げてやると平気で近づいて来ます。オナガガモもよく餌に集まって来ます。長浜市の豊公園《ほうこうえん》の餌場に集まっているのはヒドリガモ、浅井町の西池はオナガガモ、山東町の三島池は両者伯仲、ややヒドリガモ優勢というところでしょうか。

夏を越したヒドリガモ

カルガモとオシドリ以外のカモ類は、冬日本に渡って来るれっきとした冬鳥です。しかし最近びわ湖で夏をエンジョイするカモたちが増えています。今年平成十二年、三島池でもエンジョイ組が見られました。ヒドリガモ雄二羽雌一羽、オナガガモ一番《つがい》。三島池では新記録です。とりわけ高温だった今年の夏、どうして三島池で夏を越したのでしょうか。

しかしびわ湖周辺で繁殖した例は未だ報告されていません。マガモ自然繁殖の南限地の例のように、三島池で繁殖第一号の誕生を期待しています。

（二〇〇〇年十二月）

マガモ——思い出の水鳥、マガモ

昭和天皇と三島池のマガモ

「ヒシクイは来ていますか」

「今、三島池には来ていません」

「絶滅したのですか」

不安顔で問い返されました。

「冬になると多い年には百羽ほど帰って来ます」

「あっそう、それはよかったね」

と、微笑されました。

「このマガモの卵はね……」と、プラスチック模型の卵を指さして、私の顔を見られたとき、「陛下、お次へ」と侍従が陛下の歩みを促されました。予定の時刻がすでに一分ばかり過ぎていたからです。私が陛下に一番お答え申し上げたかったご下問は中断されてしまったのです。ほんとうに残念でした。


昭和五十年五月二十四日、滋賀県で全国植樹祭が開催された前日、昭和天皇皇后両陛下を三島池ビジターセンターにお迎えしたときのことでありました。

マガモの交尾のようす（三島池）

マガモ自然繁殖南限地三島池

マガモは冬鳥で、普通シベリア方面で繁殖しています。日本でも北海道や中部の高山湖での繁殖例が確認されていました。昭和三十二年、平地の三島池で繁殖しているのを大東中学校科学クラブが発見しました。京大の鳥学者川村多実二先生からも南限地の認定をいただきましたし、図鑑や野鳥誌にも掲載されました。

しかし、昭和五十年、当時も三島池がマガモ自然繁殖南限地であるかどうか疑問になりました。陛下にご説明する前に確認が必要となり、県が各地に問い合わせた結果、西日本数カ所で繁殖していることが分かりました。

三島池で生まれたアルビノ（※）のマガモ

篭抜け鳥の繁殖

昭和四十年代、マガモがペットとして、また商業用として各地で飼育されるようになりました。その飼育マガモが逃げ出したり、捨てられたりするようになり、各地で繁殖し、天然のものとの区別がつかなくなりました。いわゆる篭抜け動物は、鳥だけではなく、ヘビ、カメ、魚などにも及んでいます。びわ湖のブラックバスやブルーギルもその一例です。人間の活動によって、生物の分布が混乱しはじめているのです。

最近のマガモの親子

今年も三島池では、二番の夫婦《つがい》からヒナが誕生しました。人が近づくと親子そろってそばに

親子連れのマガモ（三島池）

寄ってきます。昔は、人を見ると子連れのマガモはすぐヨシ原に逃げ込み、めったにその姿を見ることができませんでした。人とのふれあいや野鳥保護が進んで、マガモたちも人を友だちだと思うようになりました。池畔で寝そべったり、親子で人に餌をせがんだりするようになりました。こんな平和な時代が長く続けばよいと、マガモの親子を見るたびに祈っています。

（一九九八年九月）

※アルビノ(白化個体)
染色体の異常で色素がほとんどなくなったもの。白いツバメ、白いカラス、白いヘビなど生物界にはかなり見られる。

コラム

三島池に両陛下をお迎えして

滋賀県野鳥の会 会誌「かいつぶり」第7号

昭和五十年度全国植樹祭（第二十六回）が滋賀県下で行われ、その前日の五月二十四日㈯に両陛下が三島池へ行幸啓されることが決まったのは昭和四十八年四月頃であった。そのため三島池周辺の山、水田、畑が公有地化され、記念公園として整備されることになった。水田の一部は埋立てられてビジターセンターが建設され三島池のマガモの生態を中心とする展示が行われることになった。また池を一周する遊歩道、休憩のための施設、観察小屋などが建設整備され、水田への植樹、造園も急ピッチで進められた。

行幸啓の一カ月前から何度となくリハーサルが行われた。何と言っても秒きざみのスケジュールで、新幹線ガード下十二時三十五分十一秒通過などその一例であった。私もビジターセンターをご案内する説明補助者に選ばれた。説明補助者に決まるまでには、いろいろの人の名前があげられたようであるが、最終的には自然保護課の八田知昭補佐、虎姫高等学校村瀬忠義先生と私が選ばれ、説明者は県の中山正環境部長に決まった。説明補助者に決まってから、担当の動物のことについて、いろいろ下調べをした。なにしろ陛下は生物学のご専門家であり、どんなご質問が飛び出すか分からないのである。学名などでご質問されることもあり、小さい点のご質問も多いということであった。質問にお答えできないときはすぐさま調べてご返答しなければはならないとか、宮中までお呼びになるとかいろいろ人から聞いた。こんな難しいことなら引き受けなければよかったと途中で思った。服装はダークスーツ、やや後左から説明し、陛下が驚かれるような声や態度はいけないとか、一挙手一投足まで心得るよう注意された。

ビジターセンターの展示については、昭和四十九年三月に展示委員会が設置された。メンバーは次のようであった。宮畑巳年生、立川正久、宇野健一、村瀬忠義、堀田正三、口分田政博、山本岩夫、中井一郎、山本博一、川崎要蔵の各氏であった。数回会合したがほとんどは自然保護課の八百谷圭祐技師の構想で進められた。実際の展示は京都のアラヤマネキン株式会社と長浜の須川剥製が担当された。展示が完成してから毎日のようにビジターセンターに通った。

行幸啓直前になって、説明者及び補助者は両陛下と共にビジターセンターの中を歩かないでご質問があれば控室から出て行ってご説明申し上げることになった。ご質問がなければ控室に待機したままで終わることになった。これではもしかすると一言もお話ができないままで終わるのではないかと思った。

いよいよ昭和五十年五月二十四日十二時三十六分ぴたりと両陛下が三島池へお着きになった。待ちに待っていた人々のどよめきが、カーテンを閉じたビジターセンターの中にまで振動してきた。特別奉迎者はビジターセンターへの通路の西側に、準特別奉迎者は川をへだてた東側に日の丸の小旗を持ってお迎えした。大東中学校科学クラブは老人と共に準特別奉迎者になった。陛下が休憩室にお入りになり、知事、県会議長の拝謁が終わるとすぐ展示室へ出てこられた。
　八田技師のアイデアで展示室にはこの附近の植物が鉢植えされていた。その一つであるイワカガミの前で両陛下は立ち止まられて何かお話になっておられる姿が控室からよく見えた。十分間の展示室のご見学の時間が刻々過ぎていくように思えた。しばらくすると係の人が私たちを呼びに来られた。ご下問があったのである。中山部長、八田補佐そして私の三人が急いで陛下の側へ行った。ヒシクイの剥製を指さして
「ヒシクイは来ますか」と言われた。「現在はおりません」と私は答えた。少し的はずれのお答えをしてしまった。冬になると来るかというご質問なのに五月現在いないというお返事をしてしまったのである。すぐさま
「絶滅したのですか」と陛下は言われた。中山部長には「冬になると三十羽ほど来ます」と助けていただいた。「多い年には百羽ほど来ることもあります」と私はつけ加えた。
「あっそうー、よかったね」と言って微笑された。それからは陛下について展示室を廻った。
次に三島池のジオラマや三島池の動物の展示に目を通された。アメリカザリガニの標本の前に立たれて何か言いたげなご表情であった。「甲殻類はあまり知らないので弱ったなあ」と私は一人言を言った。側におられた八田補佐にもそのつぶやきが聞えたとみえて「知っている範囲でよい」と耳うちされた。十分の時間はもう後少なくなっているとみえて、侍従が急いでおられる様子がよく分かる。しかし陛下はゆっくりと見ておられる。
「アメリカザリガニがねえ」と私の方を向かれた。そのとき侍

従が「お次へ」と合図を同時にされたので陛下はご質問を中途で止められた。次はマガモの卵のプラスチック模型が巣の中に十一個ある標本がある。

「マガモの卵はねー」と陛下が言われるのと侍従の「お次へ」という合図が再び重なった。次というのは鳥の飛ぶ様子がフィルムに撮られていてスローモーション映画になっているのである。膳所公園のユリカモメの飛翔がスイッチを入れると映し出される装置である。係がスイッチを入れたので侍従が手で次へと合図されたのである。陛下は再び質問を中止された。おそらく十分間がもうぎりぎりのところまできているのであろう。

「どんな水鳥が卵を産みますか」

「どんな水鳥がやってきますか」などと質問され、それについて簡単にお答えしていた。陛下はさらに

「カルガモは卵を産みますか」

と言われた。留鳥であるカルガモについて私が言い忘れたのを間髪を入れずに質問されたのである。

「カルガモもこの池の周辺のあちこちで卵を産みます」と答えると、美しい発音で

「あっそうー、あっそうー」と連発された。なお窓越しに見える三島池をしばらく眺められていたが、侍従が指さして

「あれが大東中学校ですか」と質問された。これはほんとうに有難い質問であると思った。中山部長から「大東中学校の科学クラブがここの水鳥を研究し、マガモの自然繁殖南限地を発見したこと、現在では傷病鳥の保護や治療に積極的にあたっていること」などを説明された。

次に伊吹山の植物が展示してあるガラス戸棚を陛下はじっと見ておられた。八田補佐が「村瀬先生」と言われた。そうだ、村瀬先生はご下問がないので控

室におられるのである。すぐ村瀬先生を呼びに行った。外ではアトラクションの朝日の豊年太鼓おどりが今や遅しと待っているのである。しかし陛下は標本をじっと確かめるように見ておられ動こうとされない。皇后が「みんな時間を気にしているのに、陛下が動こうとされず、じっと伊吹の植物を見ておられる。このもどかしさというか、子供のような一生けんめいの陛下のお気持ち」をくみとって、陛下に向かって盛んにうなずき、にこにこ微笑を送っておられる様子がいかにも美しくなごやかであった。さて後で分かったことであるがこの間十一分三十秒であったとか。

　外では太鼓おどりが始まり、お立ち台の陛下に山本町長が踊りの説明をされた。赤いたすきの踊り手の手足の動きが、新緑のバックと白い砂に映えて美しく、太鼓の音が、こいのぼりのひらめく五月晴の空にこだまして、長い間郷土の人たちが待ち続けた今日のよき日が終わろうとしていた。

　ご説明を終えてほっとしている私も今日のよき日にお出会いできたことを一生の思い出として心に深く沈めるべく、あれこれと心の整理をしていた。

　そして十二時五十六分予定通り三島池を出発された。両陛下のお発ち後はビジターセンターが一般に公開され、大ぜいの人が見学に入ってきた。みんなが私に「おめでとう」と言ってくれた。野鳥保護をはじめて二十年、しみじみとその喜びを味わった。

（一九七五年七月）

三島池ビジターセンター全景

天皇皇后両陛下行幸啓記念碑

三島池ビジターセンター

滋賀県坂田郡山東町大字池下　TEL 0749－55－2377
ＪＲ近江長岡駅からバス
三島池ビジターセンター下車、徒歩５分

■連絡先

大津市京町四丁目１－１
滋賀県庁自然環境保全課
TEL　077－528－3480

坂田郡山東町大字長岡
山東町役場産業振興課
TEL　0749－55－8105

コラム

御陪食《ごばいしょく》の栄を楽しむ

「入江小だより」第51号

常陸宮殿下と昼食を共にさせていただいたのは、今回が二回目である。昭和四十九年、彦根で全国野鳥保護の集いが持たれたときが最初である。

そのときは、野鳥写真コンクールで一位になったためである。殿下から遠い片隅で一言も話さず一時間が過ぎた。今回、第三十八回の集いでは、総裁常陸宮賞をいただいたので、殿下と食卓をはさんでさし向いの席であった。

昼食は、簡単な幕の内弁当と思ったらよい。おかずには、その土地の名産が出ている。彦根のときは、しじみ汁・コアユ・モロコのつくだ煮、ふなずし、ゆばが出ていた。今回の宇都宮では何が出るだろうか楽しみであった。前日、街を歩いて見た限りでは、名産は「かんぴょう」であった。果して、幕の内弁当の主役は、かんぴょうであった。ワカメとかんぴょうのすまし、かん

ぴょうの天ぷら、かんぴょうの煮物であった。それに、小さいエビ二尾、タコのようでタコでないもの三切れ、小さい鮭の塩焼きなどであった。ご飯は、五センチくらいの扇形になっていて、青のりが振りかけられていた。さしみなんてものはついていなかった。

いささか落胆したが、品質は極上に違いないと思ってよくかみしめた。

デザートには、スイカの赤味がコロリと二切れ小さい皿の上に載って出た。二口分である。うっかり一切れをぽいと口に放り込んだ。種が三つあったのである。種をどうして脱出させるか悩んだ。手でつまみ出す。箸で唇のトンネルからそっと出す。静かに吹き出す。この三つの方法しかない。いずれも無作法である。殿下と妃殿下はどうされるか。そっと盗み見したが、もう食べ終って平気な顔をしておられる。致し方なく三つの種を一気に飲み込んだ。幸せなスイカの種である。二口目は箸で慎重に種を取り出してから、静かに口に運んで難を逃れた。

（一九八四年六月二日）

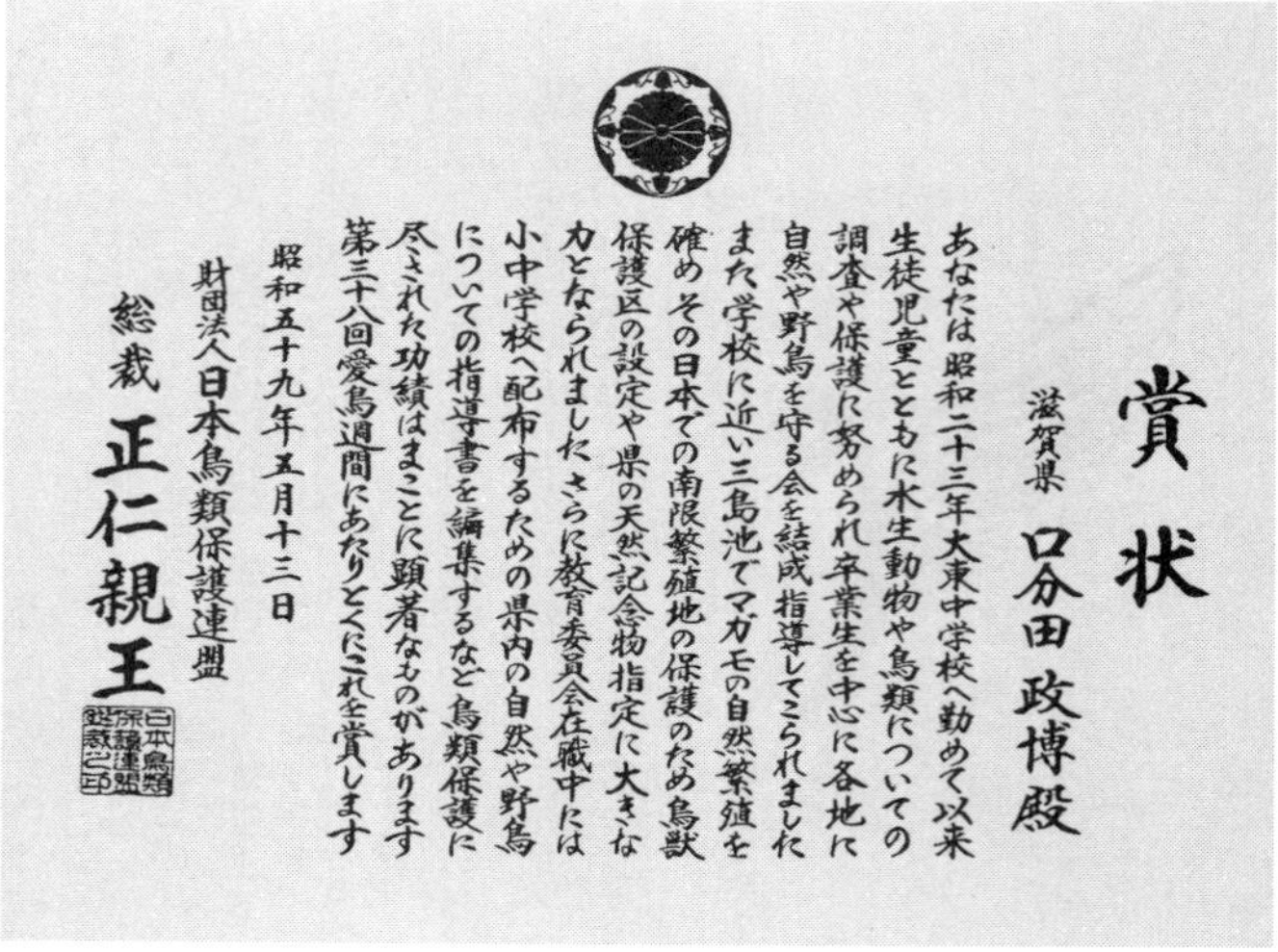

賞状

滋賀県 口分田 政博殿

あなたは昭和二十三年大東中学校へ勤めて以来
生徒児童とともに水生動物や鳥類についての
調査や保護に努められ卒業生を中心に各地に
自然や野鳥を守る会を結成指導してこられました
また学校に近い三島池でマガモの自然繁殖を
確めその日本での南限繁殖地の保護のため鳥獣
保護区の設定や県の天然記念物指定に大きな
力となられました さらに教育委員会在職中には
小中学校へ配布するための県内の自然や野鳥
についての指導書を編集するなど鳥類保護に
尽くされた功績はまことに顕著なものがあります
第三十八回愛鳥週間にあたりとくにこれを賞します

昭和五十九年五月十三日

財団法人日本鳥類保護連盟

総裁 正仁親王

総裁賞を同時に受賞した故・横田義雄さん（宮城県のお医者さん、写真左）と筆者

第2章　水辺は鳥たちのふるさと

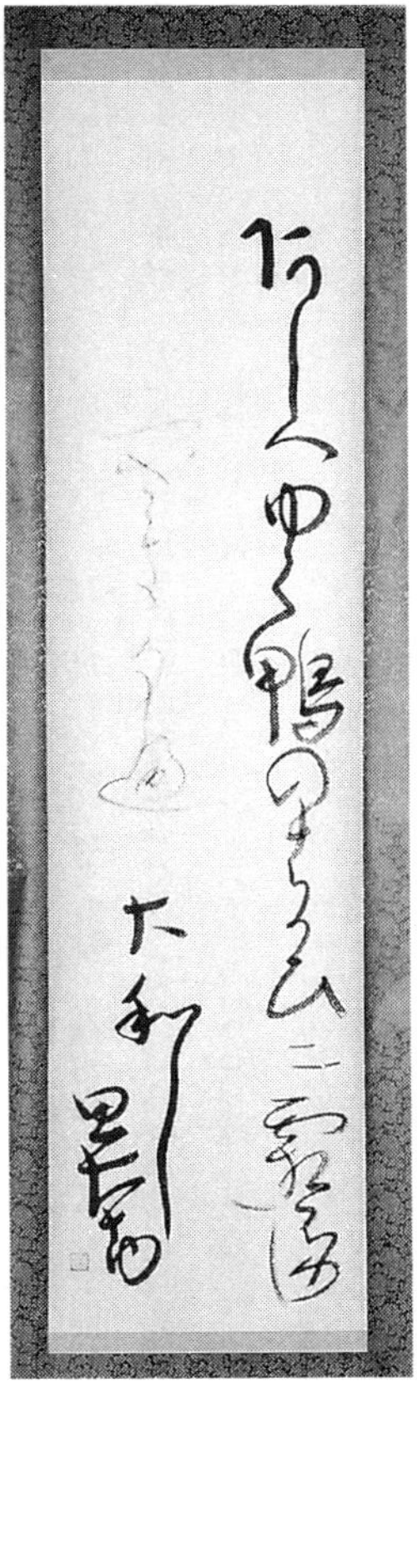

口分田道子書

アオサギ

――水辺のファッションモデル

羨ましいスタイルの鳥

アオサギは日本のサギ類のなかで一番大きく、全長（クチバシの先から尾の先端まで）が九十三センチ、翼開長が百六十センチで、おまけに足が長く、羨ましいスタイルの鳥です。ちなみにタンチョウヅルはそれぞれ百四十センチ、二百四十センチです。またアオサギは、後頭部の二枚の羽が十三センチくらい伸びて冠羽《かんう》となり、その装いをいっそう引き立てています。まさに水辺のファッションショーの主役です。

アオサギは青い鳥？

「青い鳥」と聞くと、メーテルリンクの幸福の鳥を思い出されるでしょう。鳥には鮮やかな赤、黄、瑠璃、黒、白色などの羽毛の持ち主がいて、その羽色に由来する名が付けられているものがたくさんいます。しかし、中には誰が見てもその名にふさわしい色をしていないものもいます。アオサギもその仲間です。

左よりコサギ・ダイサギ・アオサギの背くらべ（犬上川河口）

青という名が付いていますが、白サギに比べて少し青味がかっているということでしょうか。あえて青というなら灰青色で、「青い鳥」のカテゴリーには入りにくい鳥です。却ってそのあいまいな灰青色が背景の水辺の自然にマッチして美しく見えるのでしょうか。

ツルと間違えられる鳥

「ツルがうちの会社の池に来ました。見に来てください」という電話がかかったのですっ飛んでいきましたら、アオサギが知らん顔をしていました。また近くの川にツルがやって来るので、ぜひ見に来てほしいという要請があったので、探鳥会の帰りに皆で立ち寄りました。ご主人ご自慢の写真を見せていただいたら、やはりアオサギでした。却って恐縮して、すごすごと帰ってきました。

私の家にも正月用の掛け軸に「松上の鶴」があります。緑濃き松の梢に仲睦まじく営巣抱卵しているツルの絵です。ツルは木の上に止まることはほとんどなく、ましてや樹上で営巣することは先ずありません。これも「松上のアオサギ」ではないかと思います。

近年勢力を伸ばしている鳥

アオサギは木の梢近くに小規模なコロニー（集団営巣地）を作って繁殖します。時には白サギの大コロニーの中に混じって営巣することもあります。大きく強い鳥で、近年各地で繁殖し勢力を拡げています。

姉川を河口から伊吹山の奥までウォッチングしますと、セグロセキレイと共に、河口から源流まで出会える鳥です。主として魚を食べますが、カエル、カニ、ときには他の野鳥の雛を失敬します。川辺や浅い水中にじっと立って待ち構え、魚が通ると、一瞬、長い首をばねがはじけるようにパッと伸ばして捕らえます。横向きにくわえた魚を器用にくわえ直し、頭の方から、あの長い首のトンネルを二、三度しゃくりながら、上を向いてゆっくりうまそうに飲み込みます。大きい魚は鋭いクチバシで突き刺して捕らえます。

首を曲げて飛ぶ

ハクチョウ、ガン、ツルなど大型の鳥は、頭と首を一直線にして空気の抵抗を少なくして飛びます。しかしサギ類は、首をS字形に折りたたんで飛びます。あまりに首が長いので、伸ばしているとバランスが保てないのでしょうか。そしてゆっくりふわふわと羽ばたいて、決して美しいとは褒められない声、グヮーゴァーと鳴きながら低空を通過していきます。

縄張り意識の強い鳥

クチバシの色は普通黄色ですが恋の季節を迎えますと、クチバシや足などがピンク色に変色します。橋の欄干や防波堤の上にじっとしているアオサギを見かけることがありますが、これは自分の餌場の見張りをしているのです。他のサギがこの縄張りに入ってくると、すぐ追いかけます。

大きく美しい、優雅な鳥を、腰を下ろして一時間くらい観察してみてください。鳥と遊ぶ楽しいひと時になります。

（二〇〇二年六月）

アオサギの縄張りの見張り（三島池）

アマサギ
――青い田んぼに赤いサギ

湖北の夏の風物詩

早苗《さなえ》が根づいて、一面緑のじゅうたんになる頃、赤いサギが南からやってきます。大股で若草の畔を歩いたり、ツンとすまして佇んだり、ほんとうに可愛い仕草です。萌黄《もえぎ》の野原に明るさ、若さ、純情さを添えてくれます。少女サギと呼んだ人もいるくらいです。

白サギの仲間では、大きい方からダイサギ、チュウサギ、コサギ、そしてアマサギですが、恋の季節を迎えると、この一番小さいアマサギだけが頭から胸、背にかけて橙色の婚姻色になるのです。ショウジョウサギ、アカサギ、ヒサギなどとも呼ばれるゆえんです。

日本列島を北上中

現在は、コサギに次いでたくさん見られるサギなのですが、実は湖北では新参者です。戦後、湖南の堅田辺りへ行くとときどき見かけました。当時、湖北のバードウォッチャーにとって

耕耘機の後へ群がるアマサギ（山東町）

アマサギは珍しく、憧れの鳥でした。それから二十年くらい後でしょうか。電車で大津への行きすがら、車窓ウォッチングをしていると、伸びた青田の間にアマサギの頭を見つけるようになりました。野洲、能登川、彦根と、年々北上してくるではありませんか。

昭和五十七年頃でしょうか。私のまち、山東町志賀谷《しがや》の谷間の水田に、アマサギの群れが来ているのを初めて見つけました。急いで千ミリの望遠レンズをかかえて撮影に走りました。田んぼは早苗が三十センチばかり伸びていましたが、まだ深水が張っていました。畔は靴跡がつくほど軟らかく、三脚ものめり込みました。ピントを合わせてシャッターを切ろうとした途端、望遠レンズ、カメラもろとも、水田の泥の中へひっくり返ってしまいました。レンズ、カメラともパーになり、アマサギどころでなくなってしまいました。アマサギがやってくる頃になると、いつもこのことがよみがえり、アマサギがひとしおいじらしく感じられてなりません。

最近では、湖北町や余呉町の田んぼにも大群で姿を見せています。『北海道の野鳥』という図鑑を開いてみますと、一九七八年版には「稀な夏鳥」としてちゃんと写真が載っています。一九九六年版には「最近では観測例が増えてきている」とあり、日本列島を北上していることが分かります。

コロニー近くの人には嫌われ者

アマサギは英名で Cattle Egret 牛サギと呼んでいます。日本でも鎌倉時代の『八雲抄』、室町時代の『藻塩草』に「あまさぎ」の名が見られ、『大和本草』（一七一五　貝原益軒）には「野につなげる牛馬につく」と書いてあるそうです。（『日本鳥名由来辞典』）

アマサギは、牛馬に付くハエやアブをついばんで食べたり、牛馬が追い出すバッタやイナゴなどの昆虫を主に食べるのです。最近は牛馬の代わりにトラクターの後について回り、追い出される虫などを争って食べています。トラクターがバックしたり急旋回したりして、「危ない！」と思うくらい接近して虫を捕らえています。

アマサギは、「飴色」のサギとも「亜麻色」のサギの意とも言われています。秋になるとすっかり白サギに変身しますが、コサギのようにクチバシが黒くなく、黄色なのですぐ見分けがつきます。

繁殖は、ほかの白サギに混じって松林や竹林にコロニー（集団営巣地）をつくり、雌雄仲良く雛を育てます。美しい姿に似合わずギャーギャーと喧しく、糞の臭いがひときわ鼻を刺し、コロニー近くの人には嫌われ者です。カメラマンには一番のモデルですし、人なつっこく、夏の風物詩なのですが。

（一九九七年七月）

ダイサギ（天野川）

イソヒヨドリ——磯が大好きな鳥

びわ湖の磯には少ない

磯というと、磯釣りとか磯採集のように、岩場に波が打ち寄せる光景を思い浮かべます。海のように広いびわ湖の岩場湖岸も、磯と呼んでいます。米原町にも、烏帽子《えぼし》岩で有名な磯崎があります。イソヒヨドリは、海の磯には多いのですが、びわ湖の磯には少ないのです。適当な営巣のための岩間やエサになる虫、海の香りが少ないためでしょうか。

湖北で見たイソヒヨドリ

西浅井町の月出《つきで》へ探鳥会で行ったとき、リーダーが「今日はイソヒヨドリを見せますよ」と言ったので、皆ワクワクしていました。しかし、いっこうに姿を現しません。リーダーは、気の毒なほど汗だくになって望遠鏡で探していました。やっと帰り際、岩間の影にいる茶褐色の雌を見つけたのです。これが私の湖国でのイソヒヨドリとの初対面の瞬間でした。

イソヒヨドリの雄（沖縄・首里城）

その後天野川の探鳥会で、「今日はイソヒヨドリに会えますよ」と、今度は私が出発のあいさつで申しました。ところが、前日まで見かけた湖岸の岩場に行って探したのですが、見あたりません。少々あわててさがしていたら、誰かが「あそこにいる」と叫びました。延々と伸びる防波堤の上に、きょとんと直立に近い姿勢で春の青空を眺めていました。イソヒヨドリは、案外、人を恐れず、しかも、目立ちたがり屋です。岩の先端、屋根の棟、避雷針の先などに止まっていることが多いのです。

海岸では普通の鳥

福井県の東尋坊《とうじんぼう》へ行くと、イソヒヨドリに必ず出会えます。土産物店の中まで、ツツピィーピィーと大きな澄んだ声が聞こえてくることがあります。ウグイス、コマドリとともに日本三名（鳴）鳥であるオオルリに似た美声だと賞賛する人さえいます。

愛知県の伊良湖岬《いらこみさき》へタカの渡りを見に行くと、断崖のあちこちでイソヒヨドリを見ることができます。

沖縄では町の中でも見られます。ヒヨドリかなあと振り返ると、イソヒヨドリです。姿も形も鳴き声もヒヨドリに似ています。首里城の城壁で見かける鳥は、皆イソヒヨドリといってよいくらいです。

鳥の雄と雌

一般に野鳥の雄は、雌に選ばれる立場にありますので、色彩、鳴き声、ダンスなどで自分をアピールしなければなりません。そして交尾の機会を得なければ、自分の子孫は残せません。一方、雌は抱卵、子育ての間、天敵に目立たないように枯れ草色をしているものが多いようです。カムフラージュできない真っ白な鳥は、孤島、断崖、樹上、極北、屋根裏など、天敵の少ないところで子育てをするようになったのではないでしょうか。

イソヒヨドリの雄と雌

イソヒヨドリはヒヨドリ科の鳥ではなく、ツグミ科の鳥です。雄はご多聞にもれず、頭から胸、背が藍色、腹が赤褐色をした美しい鳥で、よく目立つ場所でその美しさをアピールします。

雌は地味な枯れ草色で、鱗状《うろこ》の淡色斑紋があります。雌の鳴き声を私はまだ聞いていません。

今回はイソヒヨドリの雌の写真も載せることにしました。今まで雄の写真が多かったので、雌に申し訳なく思っていたのです。

イソヒヨドリも市街地のビルを海岸の断崖と思いこんで、都会に進出してきているようです。長浜市内でも近くイソヒヨドリに出会えるようになるかもしれません。

（二〇〇一年五月）

雌

雄

愛知県・伊良湖岬のイソヒヨドリ

カワセミ——求愛給餌《きゅうじ》をする水辺の宝石

身近にいる水辺の翡翠《ひすい》

カワセミ科の野鳥には、カワセミ、ヤマセミ、アカショウビンなどがいます。いずれも美しく貴重な、クチバシの太くて長い鳥です。カワセミは、このなかでは一番小さく、湖岸、姉川の中下流、山沿いの池沼、時によると民家近くの小川でも見られます。餌になる小魚が年中豊かに生きている水辺に住みつきます。探鳥会でカワセミがゆっくり確認できると、リーダーはもう安心です。「美しい恰好よい鳥に出会えてよかった。今日の探鳥会は本当に感激でした」と、参加者が口々に言ってくれるからです。

翡翠《ひすい》(宝石)が先か、翡翠《カワセミ》(鳥)が先か

カワセミは、宝石の翡翠のように青緑色にきらめいているから、翡翠と書いてカワセミと読ませるようになったんだと、よく本に書いてあります。宝石の翡翠が先だという説です。

しかし権威ある鳥名由来辞典によると、この

魚をねらうカワセミ（三島池）

説は全く逆だというのです。カワセミの色によく似ている宝石にこの鳥の名を付けたというのです。カワセミが先だという説です。

また語源については、奈良時代にカワセミのことを「そび」といい、これがなまって「せみ」になったというのです。またカワセミの雛が、セミのように「ジャジャ」と鳴くのでカワセミという名になったという説もあります。カワセミはそんな人間の議論を知らないで、平然と優雅な姿を水辺に見せてくれています。

頭でっかちクチバシ巨大な鳥

カワセミは、スズメより少し大きい鳥ですが、クチバシの長さが四十ミリほどあり、頭、背、尾が翡翠色、胸、腹は橙赤色で、目が醒めるほど輝いている鳥です。川面に伸びている枝や岩の先端に止まって魚が近づくのをじっと待っています。「いざ魚!」と見るや、一直線に矢のようにダイビングし、水にはじき返されるように魚をくわえて元の位置に戻ります。見ていると感動して声も出ないほどです。

新幹線車輌の流線型はカワセミがモデル

最新型五〇〇系新幹線、時速三百キロ運転、ブルーの先頭車の流線型は、カワセミのクチバシがモデルというのです。この形が、トンネル出口で生じるパカーンという破裂音を防いでいるというのです。

設計者の一人である沖津英治さんは、「フクロウとカワセミは私にとって貴重な情報源となりました」「自然の中に答えがある」「一木一草、一鳥一魚、皆我々の輝ける永遠の教師であろう」と。

カワセミに脱帽、最敬礼をしたい気持ちです。

（一九九八年七月）

ヤマセミ（飯村茂樹氏提供）

ゴイサギ ―― 昼間うとうと　夜生き生き

五位の位について千年余り

「平家物語」に延喜《えんぎ》の帝（醍醐天皇）が神泉苑へ行幸なされたときのことが書かれています。池の汀に鷺《さぎ》がいたので、帝は付き添いの者に「あの鷺を捕らえてこい」と仰せられた。どうして捕らえようかと思案しながら近づいて行くと、鷺は飛び立とうとする。「帝の仰せで捕らえに来たので飛び立つな」と言うと、鷺は神妙になったので、捕らえて帝に捧げた。帝は鷺を褒《ほ》めて、五位を与えられたという。

ゴイサギ（五位鷺）は、五位の位についてもう千年余り。代々五位とは幸せな鳥と言えましょう。そのせいか、ゴイサギはいつも神妙に構えています。

夜行性の鳥

白サギはゴイサギと同じサギ科の鳥ですが、夜はねぐらに入って眠ります。ゴイサギは夕方になるとねぐらを飛び立って、池、沼、養魚場

ゴイサギの幼鳥（三島池）

などへ出かけ、魚やカエルなどを捕らえて食べます。夕方、田んぼや村の上空を、ゴアッ、ゴアッと一声ずつ区切って鳴きながら餌を捕りに行きます。羽音を立てずに、ふわふわとゆっくり飛びますが、カラスのような声を夕闇に響かせて通って行くので、すぐゴイサギと分かります。夜ガラスと呼ぶ人もいます。普通、昼間は林や竹やぶなどの茂みの中でひっそり眠っています。そんなところへ知らずに近寄ると、バタバタバタと何羽も飛び立ち、びっくりすることがあります。びわ湖の魞《えり》杭や取水塔の上で休んでいる目立ちたがり屋のゴイサギもいます。

三年たたないと一人前になれない

ゴイサギの成鳥は背中が緑黒色、翼は灰白色、腹は白色で、首が短くずんぐりむっくり。一年目の幼鳥はすうっとしているし、全身茶褐色で黄白色の斑紋が星のように全身に散らばっています。星ゴイという別名があるくらいです。二年目になると背中だけが黒くなりますが、翼は星ゴイのまま。三年目にやっと成鳥の色彩になり、冠羽《かんう》が頭の後ろから延びて五位の鳥にふさわしい装いになります。

白サギと混合コロニーをつくる

白サギとゴイサギは活動の周期が昼夜逆なのですが、繁殖は同じコロニー（集団営巣地）で行います。一方が眠っているときに他方がグワッグワッと騒ぐので、お互いに睡眠不足になるのではないかと思います。外敵から身を守るのには都合がよいのかもしれません。また、餌が同じ魚やカエルですから、昼夜に分かれているほうが喧嘩にならないかもしれません。

醍醐天皇の命で捕らえられたゴイサギ、もしかしたら昼間だったので、ぐっすり眠っていたのではないでしょうか。みなさんも一度昼間のゴイサギに、そっとアプローチしてみませんか。

（一九九八年五月）

セグロセキレイ——白黒の自然美の鳥

白黒のツートンカラー

野鳥のなかには多彩で鮮やかな鳥もいますし、単色ですっきりした色彩の鳥もいます。いずれにしてもそれぞれの自然の美しさに感動させられます。

このセグロセキレイは白黒のツートンカラーです。白黒のコントラストは何か身の引き締まるような、儀式的な感じを受けます。人が白黒で全身を装うのは冠婚葬祭でしょうか。「パトカーも白黒ですよ」という声が聞こえてきそうですが……。

ときどき美人アナウンサーが白黒のスタイルでテレビに出ることがありますが、何か清楚で日本女性の美しさを感じ、見入ることさえあります。

男女の交合を神に教えた鳥

セグロセキレイは日本特産種で、何か郷愁を感じさせる水辺の鳥です。昔々、その昔、「神様に男女交合を教えたのは、このセグロセキレ

ハクセキレイ

イである」と日本書紀に記されています。その教えによって神々が誕生し、日本が栄えていったというのです。鶺鴒台《せきれいだい》が結婚式の飾り物になっているのはその古事によるものです。

アイヌ語でセキレイのことをチチウルチと言い、それは「交尾する鳥」という意味だそうです。「ほんとうに有史以前からの大役ご苦労さん」と、セグロセキレイに伝えたい気持ちです。

ちょっと気になる仕草

セキレイ科の鳥（十三種）は、いずれも尾羽を絶えず上下に振っています。どうしてあんなに振らなければならないのでしょうか。なぞのなぞです。英訳 Japanese Pied Wagtail と学名 *Motacilla grandis* は、いずれも尾を振ることから頂戴した名前です。しりふり、いしたたきと、ユニークなニックネームもあります。

水生昆虫を主として餌にするので、水辺、特に川の中流に多いのですが、姉川では河口から上流までチチージョイジョイと鳴いています。

雌雄仲むつまじい鳥

恋愛中仲むつまじいだけではありません。営巣、抱卵、子育てすべて、雌雄が協力してやるのです。餌運びは雄が圧倒的に多いようです。セグロセキレイは、河原、水田、渓流などどこでも見られ、必ず二羽で行動しています。しかも縄張り意識が強くて、自分達のテリトリーに他の鳥が入ってくると攻撃を仕掛けます。時には車のバックミラーに写った自分の姿を攻撃し続けることさえあります。

巣立ちの成功率が低い

カラスやヘビに卵や雛を食べられる割合が多いのです。また大型車の裏側にも平気で巣作りをするので、失敗するものもいます。ちゃっかり者は屋根瓦の隙間に巣を作ります。これは成功率が高いようです。屋根のてっぺんで気ぜわしくセグロセキレイが鳴いたりしているのはその証拠です。

古来、日本人に親しまれ尊敬されたセグロセキレイ。水が汚れて水生昆虫が少なくなるのが致命的です。屋根裏の住みかを大事にし、水を汚さないようにすることが、セグロセキレイを励ます方法です。

（一九九九年八月）

タゲリ
——冬鳥の王さま

特集「心に残っている鳥　大好きな鳥」

滋賀県野鳥の会会誌「かいつぶり」24号（一九九七年）のテーマです。竹内君（中学一年）はスズメを助けた話、吉田君（中学一年）は、家に巣を作ったツバメとのふれあいの話。山岸哲先生（日本鳥学会会長、京大教授）は、マダガスカル島のトキの話を、「マダタスカルトキ（まだ助かるトキ）」とユーモアを交えて巻頭言に書いてくださいました。その他、セキレイ、コウノトリ、アリスイ、コハクチョウ、クマタカ、マキバタヒバリ、ジャワクマタカなど、野鳥との感動的な出会いを披露していただきました。

野鳥が好きになった〝きっかけ鳥〟

誰でも、何でも、あることが大好きになったきっかけがあるはずです。私は、探鳥会（毎月一回）に来ていただいている人と、野鳥が好きになったきっかけについてときどき話し合っています。ハイキング、山登りや健康のために来ている人も、野鳥にふれあう機会が多くなると、自然に野鳥を愛する人に変わっていきます。また、ある時、ある鳥を見て、急に野鳥が好きになる人もいます。この一目惚れの鳥、きっかけ鳥となるのは、タゲリが案外多いのです。

タゲリを望遠鏡で初めて見た人は、「わぁ、すばらしい。こんな美しい鳥が身近にいるなんて！」と絶句して、望遠鏡から離れようとしません。この感動が野鳥を愛するきっかけになるのです。

第一印象は長い立派な冠羽《かんう》

タゲリはチドリ科の野鳥です。ユーラシア大陸の温帯、亜寒帯で繁殖し、日本へは十月中旬に渡って来て、翌年三月中旬にユーラシア大陸へ帰って行く冬鳥の仲間です。長い足、スマートな容姿、深みのある多彩な色彩、何といっても後頭から伸びた冠羽に、人々は魅了されるのです。

田んぼの土や枯れ草によく似た色彩をしているので見つけにくいのですが、警戒心の強い鳥ですから、畦を歩くと必ず飛び立ちます。

畦ゆけばさとき田げりがまず翔てり

土方秋潮

ミューと子ネコの鳴き声

飛び立つとき、ミューと子ネコのように鳴きます。ネコドリとかハマネコとも呼ばれています。一羽が飛び立つと、そこかしこから飛び立って、十数羽の群になります。うちわを扇ぐように大きな翼をひらひらと優雅に打ちながら、低空を遠ざかります。以前は長浜市祇園町あたりの水田でよく見かけましたが、開発が進んでもう見かけません。米原町の入江干拓地やびわ町、湖北町の湖辺に広がる田んぼで、現在よく見かけます。県内では減少傾向にある野鳥です。広く見渡しのきく田んぼが減っていることと、水田が乾田化されて、餌になる貝、ミミズ、昆虫などが少なくなっているからでしょう。タゲリに出会う感動をいつまでも湖北の人々に伝えていきたいものです。

（一九九八年二月）

滋賀県野鳥の会への入会ご希望の方は、左記までご連絡ください。

滋賀県野鳥の会事務局

〒529-1551
滋賀県蒲生郡蒲生町宮川六九一—一九六

高坂泰廣

電話 FAX 0748-55-3988

タマシギ

――一妻多夫の鳥

先生！　鳥が捕れました。ああ、かわいい！

遠くで叫んでいる女子学生の興奮した声が聞こえてきました。

十月初め、長浜市にある滋賀文教短大の学生たちと近くの川で水生生物の調査を行っていた数年前のことです。魚や水生昆虫ではなく、金網のなかに、スズメくらいの幼鳥がうずくまっているではありませんか。

「ほう！　これは珍しい。タマシギの雛だよ、背中に大きなV字状の紋があるだろう。秋の初めに子育てをしている野鳥なんてめったにいないよ。タマシギはどうしてこんな遅く子育てをしているのかな？」

「結婚が遅れたのと違いますか、先生！」

「う～ん、なるほど」

タマシギの子育ては雄

全世界に約九千種くらいの野鳥がいると言われています。その中で、一パーセント足らずの

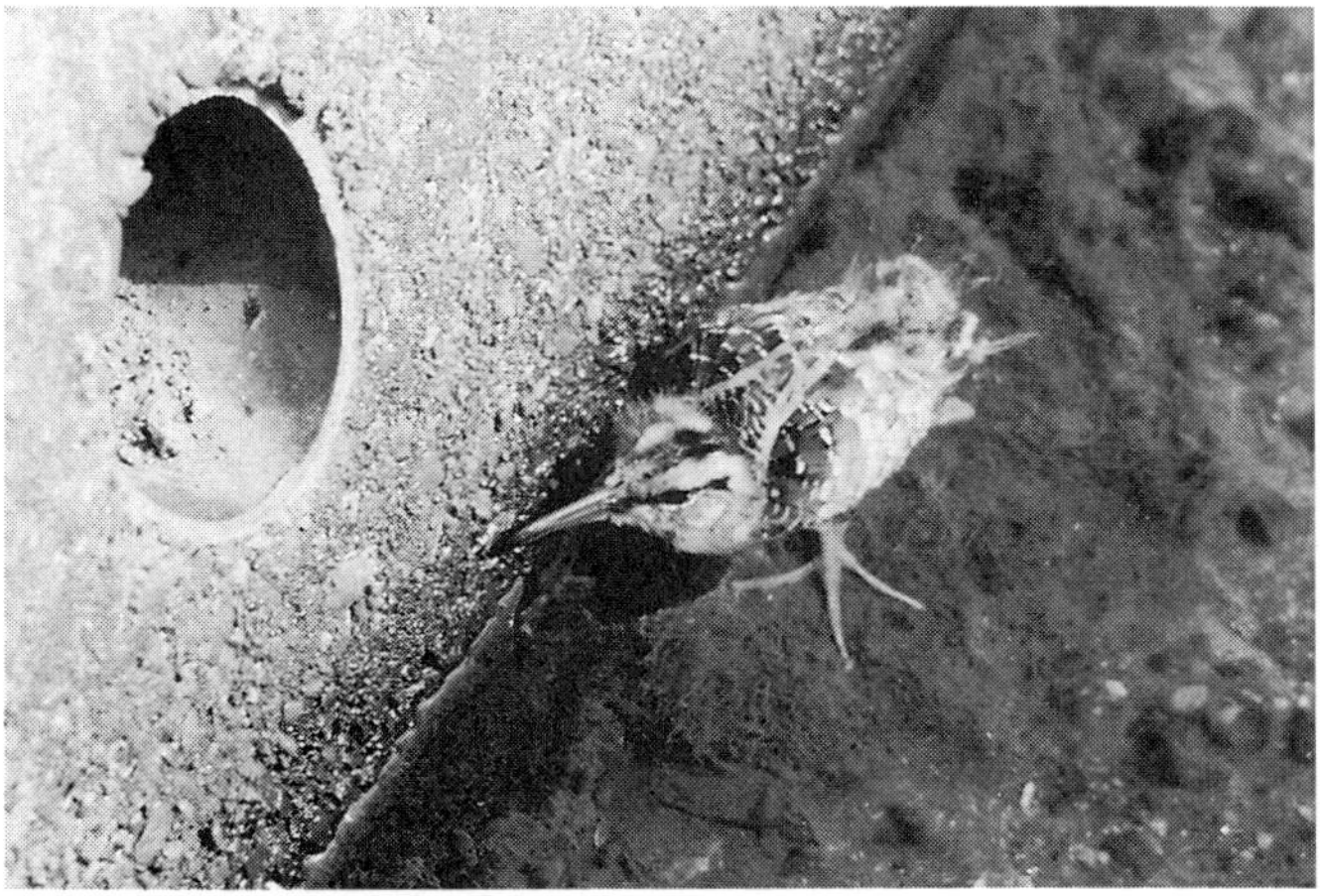

タマシギの幼鳥（滋賀文教短大南側の川）

鳥が一妻多夫で、雄だけで子育てをしています。日本の野鳥でも、タマシギはその代表格です。

「先生！　タマシギの雌はサボっているのですか？」

「いやいやどうして。タマシギのお母さんは大変なんだよ」

タマシギの雌は縄張りを持ち、そこに雄が入ってくると翼を上に伸ばして求愛のディスプレーをし、交尾します。そして雄が作った巣に、普通四個の卵を生みます。この卵を雄に預けて、雌は次の縄張りを作り、雄を誘います。縄張り作り、雄誘い、産卵、体の回復を繰り返すのです。春から秋まで、子孫を残すためにタマシギのお母さんは頑張っているのです。だから一妻多夫の場合は、繁殖期が長引くのです。

雄が卵を生む？

タマシギの雌は、雄より鮮やかな色彩をしていますし、求愛行動を行ったり、「コオーッ、コオーッ」というさえずりを発したりします。反対に雄は、巣作り、抱卵など子育て専門で、色彩も地味な黄褐色です。

一般に卵を生むのが雌と定義していますが、行動や色彩から定義したとすると、タマシギは雄が卵を生んでいるとも言えるでしょう。しかし、雌と雄が合意して交尾するとき、雌は腹ばいになって雄が背中に乗るのを待ちます。つまり、交尾体位はタマシギの場合でも逆転していません。

田んぼに巣を作る

タマシギは水田、沼沢《しょうたく》などの草地に営巣します。昔は田植え後の草取りは、人が四つんばいになって行いました。そんな時、タマシギの巣に出会ったり、巣を壊してしまったりすることがありました。最近は除草剤を散布するので、草取りは行われなくなりました。

しかし、大型農機によって代《しろ》かきや田植えを行うので、タマシギやケリ、ヒバリなどの巣に気付かず、巣が壊される場合が多くなりました。

だいぶ前のことですが、代かきをしている人から連絡があって見に行くと、タマシギとケリが十メートルばかり離れた田んぼのど真ん中で抱卵していました。この人はこの二つの巣を避けて代かきと田植えをされました。水が張られた水田の中に、ひょっこりと土の盛り上がった巣が目立ちました。ときどき、タマシギとケリ

夜キョッキョッと連続して鳴くヨタカ

が縄張り争いをしているのを見かけましたが、外敵に襲われ、消滅してしまいました。

夕涼みの風物詩

以前は、風呂上がりの夕涼みに浴衣を着て、団扇《うちわ》を持って、隣近所が縁台に集まって夏の夕べを楽しみました。そんなとき、田んぼからはタマシギのコォーコォー、山からはヨタカのキョキョキョの連続音が闇の中から聞こえてきました。最近は両者ともほとんど聞かれなくなりました。タマシギの餌の昆虫やミミズが少なくなってしまったのでしょうか。もう一度、懐かしい声をあちこちで聞きたいものです。

（二〇〇二年八月）

（グラビア写真提供：天筒靖昌氏）

マナヅル
——日本慶事のマスコット的存在

辰・多津・鶴

明けましておめでとうございます。平成十二年、西暦二〇〇〇年は辰の年です。「辰にちなんだ鳥はいませんか」って？　思い巡らせど、辰や龍が頭に付く鳥名が出てきません。二、三日思い悩んでいましたら、夢の中で「多津」が出てきました。「これはすばらしいぞ」とすぐに起き上がり、忘れないうちに筆を執りました。「多津」は万葉集に出てくるツルのことなのです。ツルの語源は「その鳴き声を表す」（大言海）、「連る」を意味する（新井白石）の二説がありますが、「鶴の一声」では決まらないようです。さて、ツルを書くことに決めたら気分一新、「これは正月から縁起がええぞ」と楽しくなりました。

滋賀県に一度だけ来た真鶴《マナヅル》

昭和六十二年、守山市赤野井湾にマナヅルが降り立ち大騒ぎになりました。しばらくして野

マナヅルとナベヅル（出水市ツル観察センター入場券より）

洲川の下流に移動しました。ツルはいつでも家族単位の三、四羽で行動します。家族から離れた一羽、冬鳥のツルが六月の初夏、湖国に舞い降りたのです。緑の茂る河原、長い足、長い首、目の周りの日の丸、首の白と体の灰黒色が、目にしみるほど美しかったのです。しかも橋の上から間近に見られるなんて。しかし家族からはぐれたマナヅルの気持ち、家族は心配しているだろうなあ、と心なしか潤んだマナヅルの目を見つめたものでした。数週間後渡去しました。

渡来地が極限された貴重な鳥

日本には七種のツルが飛来しますが、大きい方からタンチョウ（全長百四十センチ）、マナヅル（百二十七センチ）、ナベヅル（九十六センチ）の三種が主で、いずれも特別天然記念物に指定されている貴重種です。タンチョウは北海道釧路市を中心に四～五百羽の留鳥、マナヅルとナベヅルは冬鳥で、鹿児島県出水《いずみ》市を中心にそれぞれ千羽、八千羽がやってきます。どちらも世界中の大半が集まる有名な渡来地です。

昔は日本中どこにでもいた鶴

万葉集には、多津、多豆、多頭、多都、鶴、鵠の漢字で書き表されている歌が四十余首あると言われています。近江で歌われた何首かの中に、米原町磯の鶴を詠んだ歌があります。

磯の崎　漕ぎ廻み行けば　近江の海
　八十の湊に　鵠多に鳴く　　高市連黒人

彦根市松原との境にある磯崎に、立派な自然石の歌碑が立っています。

鶴は千年、亀は万年

ツルもカメも長寿の動物で、めでたい意味の代名詞です。結婚式、長寿の祝、祝い唄には必ず出てくるマスコット的存在です。

二〇〇〇年の正月号に最高にめでたいツルを、多津と呼ぶ同音の誼《よし》みで書かせていただいて感謝しています。実は私も辰年生まれ、七回目の年男です。元気で皆さんと共に平和な日本、明るい「み～な」を祈念して、本年も何卒よろしくお願い申し上げます。

（一九九九年十二月）

（グラビア写真提供：岡田登美男氏）

ミサゴ

——ミサゴ物語

鋭いクチバシと眼光

昨年（平成十四年）八月末、近江町の方が、「溜池の防鳥ネットにひっかかっていました」と、鳥を米の紙袋に入れて三島池ビジターセンターに持ってこられました。「まあ、サギでも入っているのだろう」と思ってすぐには中を見ませんでした。帰る頃になって中をのぞいて見ましたら、鋭いクチバシ！　突き刺さるような眼光！「ミサゴだ‼」と一瞬にして体中を冷汗が走りました。慌てて、近くの大東中学校が管理している野鳥保護センターへ持って行き、金網の大きなケージに入れました。科学部の生徒たちに、貴重なタカだから、いっしょに真剣に世話をしようと相談しました。主食は魚です。まず魚を捕らえる準備から始めました。

ミサゴは絶滅危機増大種

県内で一番絶滅の危機に追い込まれている絶

滅危惧種は、野鳥では六種類、次の絶滅危機増大種が野鳥では十種類あります。ミサゴはこのカテゴリーのトップバッターです。すぐ県へ保護したことを連絡しました。

網やもんどりを使って付近の川で魚を捕らえ、ミサゴに食べさせたところ、三日経つと、しっかり立ち上がれるようになりました。狭いケージから出して保護室へ移してやりましたら、元気に羽ばたき始めました。ミサゴが全快したら一緒に写真を撮って三島池に放してやろうと楽しく話し合っていました。

ところが十日目の朝、「ミサゴが保護室で倒れています」と、科学部の生徒たちが息をはずませて走ってきました。

「どうしたんだろう？　あんなに元気になっていたのに…」

魚を見つけると上空からダイビング

ミサゴは下から見ると全面白く見える珍しいタカです。トビとほとんど同じ大きさです。魚を見つけると上空でホバリング（停空飛翔／空中の一カ所に静止する飛翔）し、一気に頭を下げて足を前に出して足から水に突っ込みます。そして魚をわし掴みにするのです。おそらく近江町の溜池で魚を見つけて急降下したところ、張ってあった防鳥ネットにひっかかってしまったのでしょう。ミサゴの無念さが伝わってくるようです。しかし、早くよい人に見つけられ、保護されたことは不幸中の幸いでした。

剥製になったミサゴ（三島池ビジターセンター）

防鳥ネットと野鳥

次ページの二つのグラフは神奈川県野生生物研究会が全国からの報告をまとめたものです（「私たちの自然」二〇〇二年十二月号）。防鳥ネットは、鳥の被害から守るため、果樹園、野菜畑、養魚池などに張られる比較的メッシュの大きなネットです。人と野鳥が共存していくための最善の対策と考えられています。しかし、貴重な野鳥がひっかかる場合もあります。できるだけ見廻りの回数を多くして、ひっかかった鳥を早期に保護してやってほしいものです。また一方で、野鳥の絡まりにくい防鳥ネットの開発も必要と思われます。

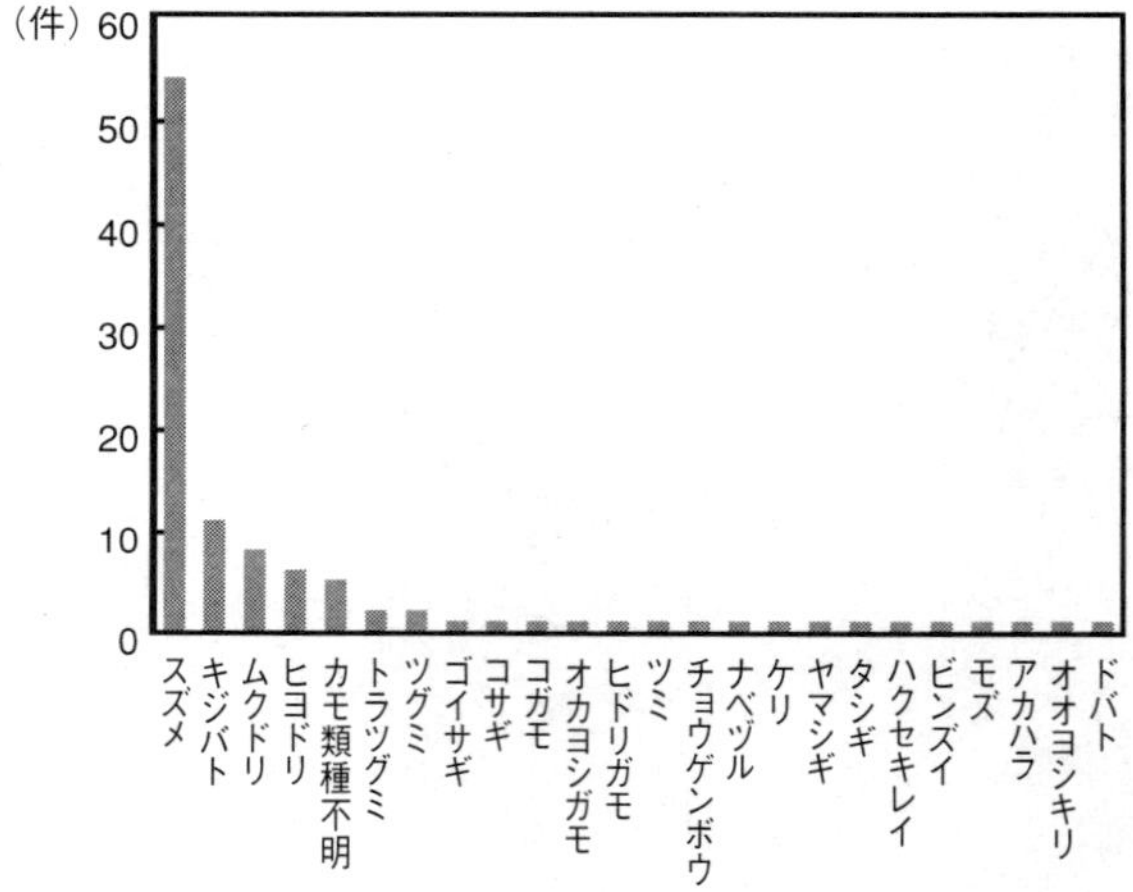

図1　防鳥ネットに絡まっていた鳥類

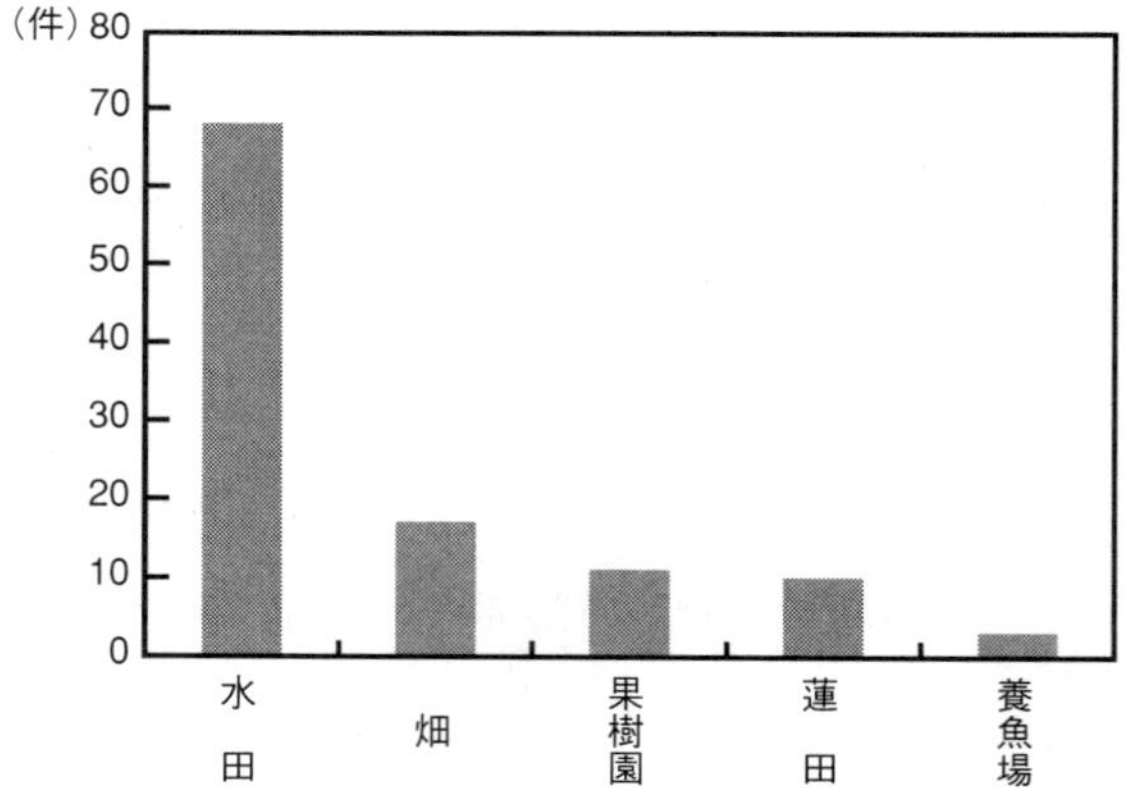

図2　絡まっていた環境

ミサゴ寿司

ミサゴの語源は「水さぐるなり」（貝原益軒）、「水沙の際にあるをもって名づく」（新井白石）とあります。

「深山巌陰に魚を多く積み重ね置きをみさごのすしという。これらの鮓已に久しくなりたるも腐らず。人取りて賞食す」（本朝綱目啓蒙）、「常に食べ残した魚が自然発酵し、海藻類に含まれた塩分のためにほどよい味となる。昔の人はみさごずしと称した」（四季の鳥俳句歳時記）とあり、昔はミサゴが多かったことを物語っています。

ミサゴ永遠の命剥製にして

倒れたミサゴを剥製にして、三島池ビジターセンターに永く保存展示し、ミサゴの短い命を讃えることにしました。このミサゴは少し幼鳥の感じを残しているのです。ミサゴは雌雄同色ですが、雌の方が少し大きく、胸の褐色帯の幅も広いようです。このミサゴは雌のように思われます。今にも急降下しそうなすばらしい剥製を、ぜひ三島池ビジターセンターへ見に来てください。そしてミサゴの冥福を祈ってやってください。

（二〇〇三年五月）

コラム

野鳥保護二題

中日新聞「湖国随想」

「ギャーギャー」懐中電灯の光束の中をムササビが樹間を滑空する。「ホッホッ、ホッホウ」アオバズクの低い声が闇の山を下りてくる。雨上がりの落葉道を音を立てないように空の薄明かりを頼りに歩く。文明の光、音、においの全く消えた原始林の中。「こんな湿っぽい夜道は山ビルに血を吸われるのですよ」とリーダーの小船さんがぽつりといった。反射的にひかりを足元にあてる。シャクトリ虫スタイルの山ビルが三匹、私の白いズック靴にはい上がっているではないか。

おもわず他方の足で擦り潰すように再三払いのけた。宿泊地奈良春日奥山妙見宮に着いたのは夜九時半頃であった。

「滋賀県からわざわざ奈良県野鳥の会に参加されなくとも……」一人の青年はいった。

一人の女性の野鳥ノートには湖北水鳥公園、瀬田沖、比叡山の野鳥記録が図入りで書いてあった。

「琵琶湖があるから幸せですね……」「奈良県の野鳥リストは二百種に満たないのですよ」「滋賀県は二百六十種ですよ」

「原始林の動植物保護のために春日奥山周遊バスはストップですよ」それでも、名物のアカショウビンの声は明くる日も遂に聞けずじまいであった。

これより一カ月先のバードウイーク。全国野鳥保護の集いが金沢市で開催された。前日祭の終わりに招待者のパーティーがあった。歴代総裁賞受賞者は総裁常陸宮両殿下に一番近いテーブルであった。私は昭和天皇が三島池の水鳥を見においでになったこと、琵琶湖の水鳥が年々増加し、肉食ガモと草食ガモの渡来比率が逆転したことなどワインを飲みながら殿下に話した。

突然、家内と話しておられた妃殿下が私の方を向いて「その後の三島池はどうですか」と質問された。鋭いご質問に一瞬戸惑い、視線を伏せたが「ヒシクイの群れは見られなくなりました」とお答えした。

この集いの人たちと交流するなかで「石川県の野鳥リストは三百八十九種ですよ」といわれた。私は私の耳を疑った。百種間違えているのではないかと。石川県は日本海があり、突き出た能登半島、離島それに白山という霊峰を持っている日本有数の野鳥王国である。

「それだけに責任も重いのですよ。トキが滅びた苦い歴史も残っていますからね」。河北潟はチュウヒで有名である。この日もチュウヒ、ミサゴなどのタカ類、ツルシギの大群などを心ゆくまで満喫できた。県野鳥園は最近、設定された海浜公園の中にある広大なサンクチュアリであった。クロツグミが多いのに驚いた。この集いのシンボルマークになっている理由がよく分かった。しかし、ここでもビルや住宅がヨシ原や海岸林に迫ってきているように感じた。

現在ある素晴らしい自然をさらに成長させるために規制を一段と厳しくしたり、開発に対しては同面積の聖域を設定するなど人間と自然の共存の道が各所で試みられていることを見聞きした。全国がこの方向で進むなら二十一世紀の自然と人間は安泰であると思った。（一九九〇年七月）

桜満開の三島池

ツバメ

ハマシギ

クロサギ（沖縄）
白いサギも白色系の
クロサギ

モズ

第3章　身のまわりは鳥たちのふるさと

餌台に集まる鳥たち

イカル――古名いかるが

イカルは古名「いかるが」と呼び、奈良時代よりこの名がありました。聖徳太子ご造営の法隆寺は別名斑鳩《いかるが》寺とも呼び、また宮殿を斑鳩の宮とも称しました。斑鳩の里に建立されたからでもありましょうが、やはりこの地方には古くから「いかるが」が多かったのでこの名が自然と付けられたのではなかったかと思われます。

一説には、キツツキが押し寄せて寺院や宮殿に穴をあけるので困っていたところ、イカルの群れがやって来て強力なクチバシでキツツキを追い払ったので、人々が感謝して斑鳩の里と呼ぶようになったとも言われています。

万葉時代に数多く見られた野鳥のなかで現在まで数多く生き延びている野鳥がだんだん少なくなっている中でイカルは現在も健在です。聖徳太子のご加護があるからでしょうか。ちょっとオーバーですがイカルを見聞きするたびにそんなことを思い出します。

コイカル

ずんぐりむっくりの美しい鳥

イカルの属しているアトリ科は日本に十七種ほど見られます。特にギンザンマシコ、ナキイスカ、イスカ、オオマシコ、ベニマシコ、ウソなど赤色を帯びた美しい鳥が多いのです。その中にあってイカルは地味な色の鳥ですが、日本の自然にはよくマッチした色彩をしています。丸く太り気味で、頭、翼、尾が光沢のある黒色で、特にクチバシが鮮やかな黄色で大工道具の「のみ」の先のように頑丈で鋭くとがっています。腰（風切羽《かざきりばね》中央）に白い斑点があり、ムクドリくらいの大きさです。イカルによく似た鳥にコイカル（冬鳥・珍鳥）やシメ（冬鳥）がいますが、イカル（留鳥）に比べると数も大へん少ない鳥たちです。

美声の持ち主

この鳥のチャームポイントは何と言ってもその美しい透きとおったさえずりでしょうか。一度聞いたら名前と共に一生忘れ得ないイメージを与えてくれる鳥です。キーコーキーとかキョコキーと澄んだ尻上がりの声で鳴きます。姿よりもこの声でイカルの存在を知る場合が多いのです。聞きなしもたくさんあります。「お菊二十四――」「蓑笠《みの》着いー」「あけべ着いー」など自分の境遇に応じて表現したものが多いようです。私の母は、末っ子であまえん坊であった私に「乳欲しーと鳴いているやろ」とよく言いました。母のありし日とイカルが重なって思い出されます。また「月・日・星」と聞こえるから三光鳥という別名もありますが、本当の三光鳥はヒタキ科の鳥で雄の尾が三十センチくらい長い鳥で「月・日・星ホイホイホイ」と鳴きます。あなたもイカルの聞きなしを作ってみませんか。

食べ物

イカルの属するアトリ科の鳥はいずれもクチバシが体に比べて太くて頑丈です。それはこの科の鳥は堅い木の実や種子を割って食べるからです。イカルは豆をクチバシで上手に回して割って食べるので豆回し、豆どり、豆うましなどの地方名があり、ハゼ、ムクノキ、ニレなどの種子を食べます。このときパチンパチンと種子を割る音がはっきり聞こえ、この音でイカルが近くにいることに気付くことがあります。いつか三井寺でイカルの群れがカエデの実をパチ、パチ、パチと気持ちよい音をたてて食べていました。そんな時は近寄らないで夢中で食べているイカルに楽しい自然を独占させてやってください。

イカルは群れでいる場合が多い

イカルは留鳥で秋から冬にかけては平地に下りてくるので、数羽、十数羽、時によると数十羽で群れることがあります。そんなときはキョッキョッと地鳴きで騒いでいます。時として冬でもキーコーキーコー浮かれて泣き出すこともあります。市街地の公園、街路樹、社寺林、河辺林などイカルが好んで集まる場所です。繁殖期は、番《つがい》で山地の針葉樹や広葉樹の混交林などで営巣します。ムクノキ、エノキ、ニレの木があれば冬の散策のときに注意して見てください。きっとイカルに出会えると思います。

（二〇〇四年七月）

ウソ

ジョウビタキ

――秋風といっしょにやってくる鳥

カスタネットをたたくように鳴く

秋、十月半ばを過ぎ秋風を感じるようになると、モズが高鳴きを始めます。夏の間声を潜めていた鳥たちがこの高鳴きで目を醒ましたように、あちこちで鳴き始めます。冬鳥がやって来たのです。そんな頃、家の回りをヒッヒッヒッと澄んだ声でまた時にはカスタネットをたたくようにカタカタ、カタカタと鳴く声を家の中にいても聞くことがあります。同じ鳥ジョウビタキの声です。窓を静かに開けて「今年も帰ってきてくれてありがとう」と声をかけると、頭をぴょこんと下げてしっぽを振ってあいさつを返してくれます。

頭がシルバーだから尉《じょう》ビタキ

雄は頭と後頭がシルバー、だから能楽の翁《おきな》の尉《じょう》に似ていることから名付けられたといいます。ジョウビタキは若くてもシルバーと呼ばれるからちょっとかわいそうです。しかし腹・腰

ジョウビタキの雌（三島池）

ジョウビタキの雄（三島池）

は美しい赤橙色、尾羽の一対は黒ですが他の五対は赤橙、顔と喉は真黒で目はぱっちりと大きくきらきら輝いて王子様のようです。雌は雄とは反対に地味な灰褐色です。雄・雌とも次列風《じれつかざ》切羽《きりばね》の基部が白く、羽をたたんでいると白い紋が見られます。紋付き鳥と呼ばれるのはこの白紋のためです。

縄張りの強い目立ちたがり屋

雄も雌も独立して縄張りをつくります。家の回りを鳴きながら右往左往するのも縄張りのパトロールのためです。杭の先や枝の先に止まってしっぽを振り振り見張っているのが目立ちたがり屋に見えるのです。

縄張り意識が強いので他の鳥が入ってくると攻撃します。車のバックミラーに写った自分の姿にも攻撃をかけます。車を山すそに駐車しておくとバックミラーの辺りが白い糞で汚れていることがあるでしょう。犯人はジョウビタキです。ちょっと離れたところで現行犯を確認してみてください。自分の姿と争うジョウビタキを見ることができます。車が汚れて困る方はバックミラーに袋をかぶせておいてください。セキレイも同じようなことをしますから注意してください。

人に近づいてくることも

畑で土を起こしているとき、ふと後を見るとジョウビタキが二、三メートル近くまで寄ってきているのに気付くことがあります。お目当てはミミズです。人の後に近づいてあちこちと跳びはねながら、ミミズや虫の出てくるのを待っているのです。見つけるとすばやく口にくわえておいしそうに飲み込みます。近くの杭の上で見張っていることもあります。こんなとき、カメラを向けても平気ですからジョウビタキのシャッターチャンスです。

ヒタキ亜科の鳥

ヒタキ科ツグミ亜科にはスズメと同じ大きさくらいの小形ツグミ類が十種余り日本で見られるようです。ジョウビタキ、コマドリなどです。またヒヨドリと同じ大きさの大形ツグミも十種余り見られます。トラツグミ、ツグミ、シロハラなどです。中間の大きさにイソヒヨドリ類がいます。身の回りには秋から冬にかけてやって来る冬鳥のツグミ、シロハラ、ジョウビタキなどがいます。長浜市の豊公園などではこの三種とも見られます。

秋になると「家の回りでヒッヒッと鳴く鳥は何ですか」「庭の赤い実を食べにくる美しい鳥は何ですか」とよく電話がかかってきます。「ジョウビタキです」と返事してまず間違いありません。

いつも近くにいるから「常ビタキ」、美しい上等のヒタキだから「上ビタキ」、頭がシルバーだから「尉ビタキ」、いろいろ楽しく思い出しながらジョウビタキと秋空の下を散歩してください。

（二〇〇四年十月）

ツグミ——冬鳥の代表選手

鳴き声は古竹を叩く音

冬の田んぼや畑にヒヨドリ大の褐色の鳥がつんと立っていたらツグミです。熟れた柿を食べに来たり、芝生の上をぴょんぴょん跳ねて、姿勢正しくして立ち止まり、地中の虫やミミズを探します。飛び立つとき、ケッ、ケッとかクワッ、クワッと鳴きます。私にツグミの鳴き声を最初に教えてくれた人は、二本の古竹を叩き合わせて「この音ですよ」とにこっと笑った。鳥の鳴き声を仮名で表わすことは大へん難しいことです。同じケッ、ケッでも老若男女、人は様々な音質で真似をするのでどれが本当に近い鳴き声なのか迷ってしまいます。

焼き鳥で有名だった

戦前、「焼き鳥」と言えばツグミでした。鳥肉の中では断突うまいのです。現在、ツグミは非狩猟鳥で、現在の焼き鳥は鶏肉、牛や豚の内臓などが主でしょうか。

近似種のシロハラ（三島池）

ツグミはシベリア方面から大群で日本海を安全な夜に渡って来ます。朝方、へとへとになって日本に到着してみると、山の峰々や谷間の渡りのコースに霞網《かすみ》が張られているのです。この霞網にひっかかり一網打尽に捕らえられ、焼き鳥屋へ直送されたのです。当初ツグミは田畑を荒らす害鳥と考えられ霞網で捕獲することを許していました。戦後ツグミは田畑の虫を食べる益鳥であることが分かり狩猟鳥から外され、霞網は大量捕獲用具であるため使用禁止になりました。

ツグミの渡りコースのなぞ

ツグミは一般に日本海の一番幅広い所をわざわざ渡って北陸地方に到着します。陸鳥ですから島伝いに休み休み渡った方がよさそうに思われます。一説には、日本が大陸と繋がっていた頃、日本海は湖で幅も狭かったのでしょうか。その頃のツグミの祖先はこの湖を渡って日本に相当する場所へ繰り返し移動していたのではないか。日本が大陸から離れ湖が日本海になっても、ツグミたちは祖先が教えてくれた渡りの道を後生大事に守っているのではないか。そして太陽、星、地磁気などで方向を決めながら夜の日本海を渡ってくるのです。方向音痴の私にとっては想像もつかない体内磁針、時計を持っているのに感心させられます。

ツグミは「噤《つぐ》む」か

『大言海』を見るとツグミの和名は「噤む」から由来したもので「夏至以降は鳴かない。立春より囀《さえず》り始めるため」と書いてあります。しかし先にも書いたように秋冬にはケッ、ケッと鳴くことも多く、さえずりは渡去の終り頃（五月）以降で、湖国ではほとんどさえずりを聞くことはありません。古書に「百舌《モズ》は春から絶えず囀《さえず》り、夏至以降は声を出さない」とあって、百舌と間違えたのではないか。（『日本鳥名由来辞典』）また鳴き声から来たのではないかという説もありますが、これもどうも腑に落ちないツグミの名の由来です。

腹の黒斑の個体差

どんな動物でも同一種内の個体差は千差万別で、自分のつれ合いを間違えることはありません。ツグミは普通頭から背にかけては灰黒褐色。眉斑《び》・のどは黄白色。胸から腹にかけては白地に黒斑があります。しかし個体によってはこの黒斑が密集している部分があって、一条または二条の黒帯に見えたり、多いものは胸全体が黒く見えるものさえあります。雌雄同色に近い野鳥ですが、雌は一般に雄より淡い色彩をしています。

ツグミは冬の神様

冬の田んぼはさみしい。いのちが少ないからです。ツグミは冬の田んぼ、森や林、公園や街路樹にいのちを輝かせてくれる神様です。冬の枯れた野原を歩いているとき、そこかしこからツグミ、シロハラ、ヒバリ、ホオジロ、カワラヒワなどが飛び出すと嬉しくなりついつい遠回りしてしまいます。こんな鳥たちは凍てついた冬の自然を生き生きさせてくれる神様です。

（二〇〇四年一月）

雪の中のツグミ（山東町）

トビ——トビは巨大なタカ

タカらしくないタカ

「トンビがタカを生んだ」「トンビも居住まいでタカに見える」のように、トビはタカとは縁遠い鳥のように言われていますが、実はれっきとしたタカの仲までです。日本で二十二種類見られるワシタカ科の中で、トビは大きい方から数えて九番目の、巨大なタカの一種です。

他のタカは主として険しい山地に住んでいますが、トビは海岸、湖岸、農耕地に住んでいます。また他のタカは主として鳥や小動物を襲って食べますが、トビは魚や動物の死体を食べていて、タカらしくないタカなので見下げられているのではないでしょうか。

トビは油揚げを食べるか?

「トンビに油揚げをさらわれる」という言い習わしがあります。主として動物性の死体を食べるトビが、純植物性の油揚げを食べるのでしょうか。ある人が、この実験をしたら油揚げは食

帆翔（はんしょう）するトビ（湖岸）

べなかったと書いていました。無理に口にねじ込んだら吐き出してしまったとも書いてありました。おそらく文字通り「さらう」だけで「食べない」のかも知れません。私は、湖岸でパンくずを投げて、ユリカモメ集めを長くやったことがありますが、そのときユリカモメに混じってトビも一緒に純植物性のパンくずを拾っていたのを見ています。食べたかどうか、そこまでは確かめていませんが…。

トビは神話にも出てくる高貴な鳥

私が小学生の頃、「金鵄《きんし》輝く日本の……紀元は二千六百年……」という歌がありました。年輩の方なら今でも口ずさめる懐かしい歌です。

第一代神武天皇が賊を平げるのに苦戦してい

るとき、その弓の先に止まった金色の鵄《とび》の強い輝きで賊は目が眩み、逃走したという神話があります。私たちは神話としてではなく、歴史上の事実として習ったのでした。金色の鵄は現実にはいないはずです。また同じ日本書紀に、天武天皇紀四年正月に、近江の国から白色のトビが献上されたと書かれているそうですが、これはトビの白化個体（アルビノ）で、ありうる事実ではないかと思われます。

この金鵄の神話に由来して、かつての戦争で著しい功績のあった軍人に金鵄勲章が与えられました。また金鵄というタバコが発売されていたことなど、トビは歴史上、位の高い鳥にもなっていました。

トビは唯一の凹尾《おうび》を持つタカ

トビはト（渡）、ビ（飛）からその名があると言われています。トビはタカの中で唯一の凹尾を持ち、尾の中央がへっこんでM字形になっています。尾羽を広げると三味線の撥《ばち》のようになります（前ページ写真）。この凹尾を左右に少し傾けながら大きい輪を描いて上昇気流に乗って帆翔《はんしょう》します。その他、下から見ると肩が出張っていること、翼の両端に白い部分があることなどが特徴です。ピーヒョロロ、ピーヒョロロと美しい澄んだ声で鳴きます。

人を恐れない鳥

人に飼われていたトビや餌づけされていたト

ビは、平気で人に近づいてきます。買い物篭から魚をさらったり、魚屋さんの店頭から魚を失敬したりすることがあります。トビは車などにもよく衝突して傷つき、保護されることの多い鳥です。人が保護したときは、一生涯飼ってやることが大切です。中途で放鳥すると、各地でいたずらをし、かえって人に命を奪われてしまうからです。

最近トビが少なくなった

私たちの子どもの頃、ネズミ捕りにネズミがかかると水につけて殺し、死体を畔に放り出しました。すると、どこからともなくトビが急降下してきて、ネズミを持ち去りました。最近は野ネズミや、カエル、ヘビも少なくなり、人の食べ残しの魚もコンポストなどに入れて処理されるので、トビの食べ物が少なくなったと考えられます。海岸や湖岸ではまだ多くのトビを見ることができます。落葉樹の葉がまだ出ていない早春、湖岸で、大きな巣の中で抱卵を始めているトビを見つけることがあります。二十二世紀に残したい原風景です。

（二〇〇二年四月）

ノスリ

ヒバリ

――日晴る　愉快な鳥

ウグイスより一足早く

「春を告げる鳥はなーに」と尋ねたら、「ウグイス」と即座に答えが返ってくるでしょう。確かにウグイスは春告鳥とも書くくらいです。二月の初め頃、日射しに誘われて畔道を散歩していると、ヒバリのさえずりに出会うことがあります。ヒバリはウグイスより一足早い春を告げてくれる鳥なのです。

ウグイスは山麓のブッシュ（茂み）の中にいますから、目も耳も下に向けてその姿を探します。なかなか姿を見せてくれませんが、日本三鳴（名）鳥の美声をアピールし、人を楽しませてくれます。臆病な目立ちたがり屋なのでしょうか。

ヒバリは全く反対です。目も耳も天に向けて「天まで上がれ！」と手を振って励ましたくなる鳥です。華麗なショーを長時間、青い空をバックに公演してくれる鳥です。目立ちたがり屋の見本なのですが、実は自分の縄張りを必死に宣言しているのです。

京都大学の川村多実二先生（三島池）

川村先生のヒバリのまね

もう四十年くらい前の話ですが、私が山東町の三島池でマガモの自然繁殖を見つけたときのことです。京都大学の川村多実二先生が、その確認のために三島池に来られたのです。私はこの鳥学者のお墨付きをいただいて、マガモ自然繁殖南限地の確認を鳥学会に発表しました。その折、先生は大東中学校の生徒たちに野鳥の話をしてくださいました。

この講話の中で一番印象に残っているのは、先生のヒバリのさえずりの物まねです。先生は、『鳥の歌の科学』という本を書かれ、日本で初めて鳥の鳴き声を科学的にまとめられた学者です。ヒバリはピーチクピーチクと羽を震わせて舞い上がり、頂に達するとピーヨンピーヨンと小さい輪を描いて回り、やがてピールルピールルと急降下し、地面に近づくとビービービーと静かに着地すると言うのです。

白髪、巨体、赤白い童顔の先生が、目を細めて何回も何回もヒバリのまねをしてくださったのです。生徒たちは大喝采でした。今でもヒバリのさえずりを聞くと、先生の笑顔を思い出すのです。

晴天を告げる天気予報士

最近、そのヒバリが少なくなってきました。ヒバリの好きな静かな麦畑が減ったのでしょうか。カラスが増えてヒバリの巣を荒らすのでしょうか。田植えが早くなり、そのうえ大型機械がヒバリの住みかを壊してしまうのでしょうか。昔は畑の草むしりをしているとき、うっかりヒバリの巣を踏みつぶすことがあったくらいです。ヒバリものんびりしていられない世の中になってしまいました。

ヒバリは英名でSkylarkといいます。ラークは、戯れ、ふざけ、愉快、冗談という意味も持っていますが、何かそんなしぐさを持ち、そんな親しさを感じさせるユーモラスな鳥です。

ヒバリは「日晴る」に由来し、晴天を告げる天気予報士でもあるのです。ヒバリの明るいさえずりに出会うと、心が晴れ晴れとなり、自分も一緒にさえずってしまいます。

こんな明るく愉快な鳥にあやかろうと、ヒバリを町の鳥に指定している市町村がたくさんあります。中主町、甲西町、八日市市、湖東町、それに今津町です。広々とした田園風景を持っている町が多いようです。いつまでも、こんな鳥と仲良く平和に生きたいものです。

さあ！　皆さんもヒバリに会いに近くの野原へ出かけましょう。

（一九九七年十月）

ヒヨドリ——日本中広く見られる鳥

鳥の大きさを表現する「物差し鳥」

ヒヨドリはスズメ、カラスに次いでよく知られている鳥です。日本中、北から南まで広く分布しているし、山でも里でも市街地でも、その声や波形で飛ぶ姿を見聞きできます。だから「ヒヨドリより大きい、小さい」などというように、鳥の大きさを表現する「物差し鳥」になっています。ヒヨドリの全長は、約二十七・五センチです。

餌台にもすぐ飛来する鳥

ヒヨドリは、餌台にミカン、リンゴ、ジュースなどを置いてやるとすぐにやって来て、おいしそうに食べます。餌台にやってくる鳥を見ていると、鳥の力の順位が分かります。ヒヨドリがやってくると、スズメは逃げます。ドバトがやってくると、ヒヨドリが、カラスがやってくると、ドバトが逃げます。カラスは餌台の王様かと思いきや、猫がやってくると一目散に逃げ

ヒヨドリの渡り（愛知県・伊良湖岬）

てしまいます。餌台の上に秤を置くと野鳥がその上に乗り、体重を量ることもできます。

ヒヨドリは七色の声の持ち主

普通の小鳥は繁殖期に鳴く「さえずり」と、非繁殖期に鳴く「地鳴き」を持っています。ウグイスなら、ホーホケキョとチャッチャッです。ヒヨドリは少し区別しにくいのですが、春先にピッピーピィーピ、ピィーと鳴くのがさえずりで、ピィーヨピィーヨと鳴くのが地鳴きでしょうか。森の中へ入ると、「あの声は何ですか」とよく問われます。「ヒヨドリですよ」と答えると、「えー？」とけげんそうな顔をされます。ヒヨドリは七色の声を出すのです。だから「物まね鳥」とも呼ばれています。

ヒヨドリの渡り

ヒヨドリは一年中日本にいる留鳥ですが、九月末から十月にかけて、数十羽数百羽の群れで夕焼けをバックに暖かい地方へ移動するものがいます。もっと大きい群れならムクドリ、もっと小さい群れならカケスでしょう。

ヒヨドリはときどき小さい群れでびわ湖を横切ることがあります。びわ湖の真ん中あたりでだいぶ疲れてきます。竹生島や多景島《たけしま》では、この疲れたヒヨドリをねらっているハヤブサなどのタカの類が待ちかまえています。ヒヨドリの群れを見つけると、矢のような速さで襲いかかり、簡単に捕えてしまいます。断崖の天辺で、いかにも誇らしげに鋭い爪でヒヨドリを押さえ、鋭いクチバシで羽毛をむしり、おいしそうに食べる光景を見ることがあります。

ヒヨドリはヒエドリか？

平安時代、ヒヨドリはヒエドリと呼ばれていたそうです。ヒエを食べるからと言われていますが、降雪時など、餌がよほど不足しないかぎり穀物は食べません。カキ、ピラカンサ、ナンテン、ナナカマドなどの赤い実が大好きです。

室町時代ごろから、鳴き声に近いヒヨドリに転訛《てんか》したと言われています。

都市化に適応した鳥

ヒヨドリ、ムクドリ、カラスなどは、リンゴ、ミカン、ブドウ、スイカ、マクワ、イチゴなど

桜の蜜を吸うヒヨドリ（三島池）

が熟するとちゃんとやって来て、果実に穴をあけてしまいます。特にヒヨドリは早春、やっと芽を出し始めた野菜の若芽をついばんでしまいます。人々は致し方なく、ネットを張って果実や野菜を守ります。

ヒヨドリが市街地にまで進出して繁殖するようになったのは、近々、約三十前からです。都市化に適応したのでしょうか、森や里山、農村が住みにくくなったのでしょうか。二十一世紀は都市化した野鳥の世界になるかもしれません。

（二〇〇〇年十月）

ミヤマガラス——カラスもいろいろ

野山はカラスのレストラン

「この頃カラスが増えましたなあ！　冬はとくにひどいですわ」

「この頃は食料があり余って、食べ残しが野外に放置されることも多くなりました。お米も少し古くなると、三島池のカモにやってくださいと持って来てくださる人が急に増えてきました。カキもほとんど食べずに木になりっぱなしで、真っ赤に熟れたカキがカラスの来訪を待っている状況ですからねえ」

「それにミヤマガラスが多くなりましたよ」

「えっ、ミヤマガラスって？」

ミヤマガラスは山にいるカラス

最近までミヤマガラスは、中国地方北部から九州方面にだけ渡って来る冬鳥だったのです。鹿児島の出水《いずみ》へマナヅル、ナベヅルを見に行ったとき、ツルの餌場に群がっているカラスを見たことがあります。土地の人に聞いたら、「こ

クチバシの根元が白いミヤマガラス（山東町）

こらのカラスは皆ミヤマガラス」とのこと。よく見ると湖北にいるハシブト、ハシボソガラスより少し小さいし、クチバシが細く尖っています。それにクチバシの根元が白っぽく見えるカラスです。どの図鑑を見ても、「四国、本州には稀」とあります。

大群で遊ぶ田んぼのカラス

滋賀県に姿を見せ始めたのは近々五、六年前。ミヤマガラスは数十羽、数百羽の単位でいつも群れています。湖岸の広い田んぼに大群のカラスがいたら、それはミヤマガラスだといってよいくらいです。ただし、冬鳥ですから、十一月の終わり頃から三月初めくらいまでの間です。ときどき、田んぼに近い林の木に集団で止まっていたり、電線におそろしいほど並んでいたりすることもあります。また上空を大群で大騒ぎしながら乱舞していたらこのカラスです。「烏合《うごう》の衆とはミヤマガラスのことかいなぁ」と思うことがあります。

カラスは親孝行もの

カラスの名は「黒し」から、また鳴き声から付けられたと言われています。カラスは昔から神聖視され、古事記の神話に八咫烏《やたがらす》が天皇の道案内をしたと書かれています。

カラスは漢名で慈烏《じう》、孝烏《こうう》と表記されているようです。「烏に反哺《はんぽ》の孝あり」から由来しているのだそうです。カラスの雛は大きくなると親に育ててもらった恩返しに、今度は親に餌を運ぶと言われています。いい話ですね。

介護保険云々と騒がれている現在、烏を講師に招いて若い人たちに「反哺の孝」を話してほしいような気がします。

ほんまかいな？

ほんとうにカラスは親に餌を運ぶのでしょうか。私も確かめていません。親と雛に目印でも付けて確かめないと分かりません。

カラスの雛は成長すると親と同じくらいの大きさになり、しかも羽毛がふやけていて親よりも大きく見える時期があります。ちょっと見ると小さい烏が大きい烏に餌を運んでいるように見えるのです。だから昔の人は親子を取り違えて「あらっ、子が親に餌を運んでいるぞ」「親孝行やなぁ」と錯覚したのではないでしょうか。

ミヤマガラスの大群（彦根市）

ハシブトガラス

人間だって、今の子は中学生くらいになると親よりも大きい子がたくさんいます。親より大きくなった息子、娘にせっせと食べさせ、学資を送っているではありませんか。皆さんはどう考えられますか。

（二〇〇〇年二月）

ムクドリ――賑やかに群れる鳥

ムクドリも、繁殖期以外は、田んぼや芝生の原っぱで仲間と一緒に生活します。ムクノキやカキの実を食べるときも群れています。赤く染まった秋の夕焼け空を、何百羽もの大群で西の方に向かって飛んで行く姿も見られます。

時には電線にズラリと並び、その重みで電線がたわんでいることがあります。街路樹のねぐらに数千羽集まり、その鳴き声と糞が苦情の原因になることもあります。

繁殖期以外は仲間と生活

一般に野鳥は群れるのが好きなようです。スズメが木の枝にいっぱい群がり、人が近づくと花火のようにパッと一斉に飛び立つことがあります。特にアトリは、晩秋の田んぼに数千羽の群れをつくり、ウンカのように乱舞します。大型の野鳥であるカラス、カモ、ハクチョウも群れで生活します。群れでいると、命を守るのに安心で、楽しいのでしょう。

ムクドリ

積雪の厳寒期は南へ移動する

ムクドリは、秋の終わり頃、大群で南へ渡りますが、かなりの数が残るので留鳥です。厳寒期には一時、積雪の湖北地方から姿を消しますが、近くの雪のない湖岸や湖東湖南に避難しているのです。

飛ぶときは、翼をゆっくり動かしてヒラヒラ（？）と低空を飛びます。着地するときや電線などに止まるときは、百メートルくらい手前から、紙飛行機のように翼を三角状にピンと張って、直線的に滑空します。リャーリャー、ジャージャー、警戒するときはギェーッ、ギェーッと鳴きますから、鳴き声でムクドリの心情を察してやりましょう。

ムクノキの実を食べるからムクドリ

ムクドリは青い空、白い雲をバックに下から見上げると、真っ黒い鳥のように見えますが、望遠鏡でそっとのぞくと、案外美しい鳥です。体は灰色がかった黒褐色、頬から喉にかけては霜降り模様、そしてクチバシと脚はあでやかな橙色です。スズメとハトの中間の大きさです。

ムクノキの熟した黒い甘い実が大好きです。ムクノキは山地にもありますが、社寺の境内に大木があります。八日市市の中野神社（周囲七百三十三センチ）、湖東町の春日神社（五百五十センチ）のムクノキは巨木で有名です。樹皮が薄くはがれているから、すぐ分かります。

カキが熟す頃、もう渋くないよと人に教えてくれるのもムクドリです。昔はムクドリやヒヨドリの冬餌として、カキを全部ちぎらないで、数個残したものです。最近は、ほとんど全部のカキが残っていて、ムクドリもヒヨドリも食い倦《あぐ》んでいるようです。

ムクドリは稲作農家の味方

ムクドリを益鳥と言うと叱られるかもしれません。カキやブドウなど、畑の果実を食べにくるからです。しかし、田んぼでメイガの幼虫やさなぎ、その他の害虫を食べてくれるから、農家にとってはありがたい味方です。家の軒下や樹洞《じゅどう》で育っている雛たちの重要な蛋白《たんぱく》源は、田んぼの虫なのです。

しかし、最近、ムクドリが少なくなっています。大群を見かけることが少ないのです。殺虫剤や除草剤によって、畑や田んぼ、芝生の虫が少なくなっているのでしょうか。

産卵調節するムクドリ

鳥のなかには、産卵数を調節できるものがかなりいます。例えば、五卵産んだムクドリの巣から二卵を取り去ると、さらに三卵産んで標準の六卵に、今度は三卵産んだ巣に他の巣から二卵をそっと入れてやると、一個だけ産んで六卵にします。このことを産卵調節と言います。

この産卵調節の能力を上手に人間が習性化させたのがニワトリです。毎日卵を持ち去られてしまうので、毎日毎日、補充のために産み続けるのです。

そんなこと、こんなこと、いろいろ考えたり、初冬の田園風景を楽しんだりしながら、ムクドリと一緒に紅葉の山野を散策しましょう。

（二〇〇一年十二月）

アトリの群れ（山東町）

スズメ——人が大好きだが繊細な鳥

雀百まで踊り忘れず

私の家に二歳半ばの孫娘綾里《あやり》がいます。一番最初にまねできた鳥はガーガーです。京都から帰ってくると必ず三島池のカモを見に連れて行くからです。次はカーカーです。真黒で大声を出す大きい鳥で近くにたくさんばたばたしているからです。次はチュンチュンです。鳴き声がかわいくて幼児にチュンチュンとまねしてふざけて遊ぶからです。次は何をまねできるようになるのでしょうか。「雀百まで踊り忘れず」。幼い頃から野鳥を愛する心を育てておくと一生その心を持ち続けることができるでしょう。

人といっしょに暮らす鳥

スズメほど人といっしょに仲良く暮らす鳥は他にいないでしょう。人の住んでいない山中や渓谷ではほとんど見かけません。僻地《へき》の村で集団離村をしたとき、営巣する人家は残っていてもスズメも人と一緒に離村してしまいます。私

スズメ

たちもスズメと一緒の暮しを楽しんでいるようにさえ思えます。餌をやったり、屋根瓦の隙間や軒下を巣づくりに貸したり、庭木や竹やぶをスズメのお宿にしたりしています。

しかしたくさん木に止まっている群れスズメにそっと近づいて行くと、ぱっと一斉に羽風を残して飛び立ってしまいます。急に辺りが静かになってしまいます。スズメは人が大好きなんですが、案外警戒心が強く神経が繊細なんです。体が小さいので他の鳥におそわれる機会が多いためでしょうか。

手の平のパンを食べるスズメ

以前、ロンドンのハイドパークへ立ち寄ったとき、老婆の手の平の上でスズメがパンくずを食べていました。ペットかなと思ったのですがパンがなくなると飛び去って行きました。外国は鳥を大切にするからかなあ！日本は恥ずかしいなあ！と悲しくなりました。

後から調べてみると、このスズメは実はイエスズメだったのです。アメリカなどのイエスズメは人がユーラシア大陸から持ち込んだ個体が増えたのです。びわ湖のブラックバスのように。そんな地域のスズメはイエスズメに追われて山へ逃げて行ったのです。だから英名でスズメはTree Sparrow、イエスズメはHouse Sparrowと呼んでいることからでも分かります。日本にはまだイエスズメは極く少数しか入ってきていませんが、ブラックバスのようにいっぱい増えたらどんなことになるでしょうか。外来鳥類もどんどん増えていますから。

昔もっといっぱいいたスズメ

私たちの小学生の頃、戸板や俵、ネズミ捕りなどでスズメ捕りをしました。また無双網といってテニスのネットの幅、長さの数倍の網で一網打尽にスズメを数百羽を捕る方法がありました。スズメは焼き鳥の王様で大変うまいのです。それでもその頃はスズメはいっぱいいました。

稲穂の実る頃、スズメが稲穂を食べに来るので、農家はかかしを作ったり、鳴子をあちこちに張ったり、ガス鉄砲を配置したりしました。最近こういうスズメおどしはほとんど見かけません。スズメの減少と共にスズメ文化が消えていくようで田んぼがさびしくなりました。

スズメの名の由来

スズメは奈良時代から「すずみ」「すずめ」として知られていたようですが、万葉集にはスズメの歌はないようです。どうしてかなあと思います。古事記や日本書紀には出ているようです。語源はシュシュ（鳴き声）、ささ（小さい）とメ（群れ）がつまってスズメになったという二説があるようです。

メダカが希少種になったように、スズメが希少種にならないように親しくつき合っていきたいものです。

（二〇〇三年九月）

イエスズメ（アメリカ・ハワイ）

コラム

悟堂さんの生き方に学べ

「大東中だより」特別号／入学式式辞

大東中学校には創立以来「自然に学ぶ」という校訓があります。学校の入口の大きい自然石にも「自然に学ぶ」と大きい字がきざんでいますし、その字の元になった額が玄関入口に掲げられています。今日はこの字を書いていただいた中西悟堂さんのお話をしたいと思います。

この字を書いていただいたとき悟堂さんは八十二歳でした。目の病で水晶体を手術された直後で横に並べた字は書けないとおっしゃってました。私は横浜の山手にある悟堂さんのお宅へ頼みに行きました。当時悟堂さんは日本野鳥の会の会長さんで、野鳥のことについては日本一の先生でした。私も東京へ行くとよくお家へ寄りました。先生は遂に「自然に学ぶ」と横に書いてくださることになりました。それから二カ月後、あの額の字をいただきに上がりました。おそらく悟堂さんが文字を横に書かれた最後の作品ではないかと思います。昭和五十二年に字を書いていただいた年に文化功労賞をいただかれました。先生は野鳥のほか字も絵も大へん上手で多くの作品を残されましたし、和歌についても有名で、毎年宮中で行われる歌会始めの式には召人《めしうど》として出席されていることからでも分かります。本も百冊以上書かれています。

悟堂さんは明治二十八年金沢市で生まれられましたが一歳三カ月でお父さんがなくな

られ、お母さんも悟堂さんを残して親元へ帰ってしまわれたので、悟堂さんは身なし子になってしまわれたのです。そこでおじさんが育てられることになったのですが、体が大へん弱く、一年生の入学式はおじさんにおんぶしてもらって校門をくぐられたようです。おじさんは大へん心配して悟堂さんをお寺へおあずけになりました。悟堂さんは毎日お寺の掃除をしたりお経を習ったりして修養されました。十歳のとき一念発起して百五十日の座禅に取り組まれたのです。そのときのもようを悟堂さんは次のように書いておられます。だんだん日がたつにつれて体にコケが生え、鳥が頭や体にとまってさえずったということです。座禅での唯一の話し相手は鳥であったそうです。悟堂さんが一生野鳥保護に力をつくされたきっかけはこの百五十日の座禅にあったのです。

　悟堂さんは人間も自然と一体になれと言われています。悟堂さんは平気で山でごろ寝もされますし、山中の冷たい池でも平気で飛び込まれたと言います。裸で暮すことは先生の習慣で冬でもゆかた一枚で過ごされたようです。家では鳥といっしょに生活され、先生の茶わんのご飯にスズメが来ていっしょに食べていたといいますし、夜はコジュケイのひなが先生のわきの下に集って寝ていたそうです。朝はカラスが小さいボールをくわえてきて、先生にキャッチボールをしようとせがんだそうです。カイツブリの巣を観察するため緑の風呂敷をかぶって一日中水中につかっておられたこともあったようです。

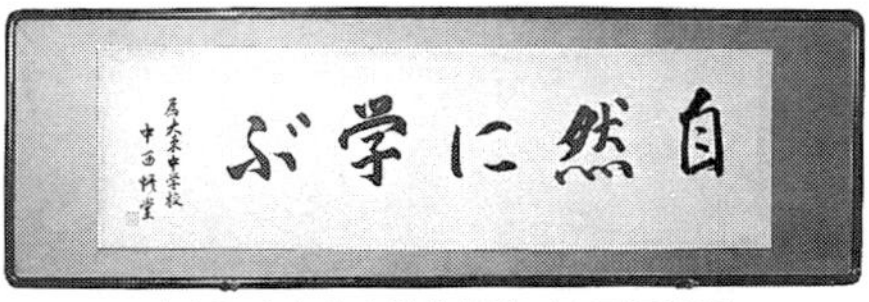

山東町立大東中学校校訓（中西悟堂書）

昭和九年に日本野鳥の会をつくられて会長になり「野鳥」という雑誌を出されました。先月の三月で「野鳥」はとうとう五〇〇号を迎えました。先生が生きておられたらどんなに喜ばれたことでありましょう。

中西悟堂さん(左)と筆者 (浜大津)

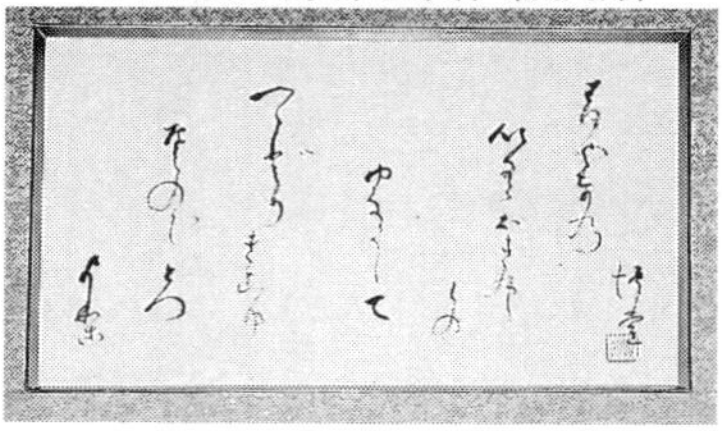
中西悟堂書

君たちも悟堂さんのように不遇な境遇に出会っても悟堂さんのようにがんばってほしい。悟堂さんは高校や大学を出ていません。宗教の学校で修養された人であり、それでいて文化勲章に次ぐ賞をいただかれたのです。「自然に学ぶ」という字を見るたびに悟堂さんのようにがんばろうと思って中学三年間何かに熱中し苦しさに耐えて個性を伸ばして下さい。

次の悟堂さんの歌を一首紹介します。この掛軸はいつか先生に書いていただいた一枚です（私の宝物です）。

青山の幾起伏しのゆるくして
つつどり聞こゆ　その一つより

この声がツツドリです。筒の底をたたくと出る音のようにボンボンという声です。この辺にも六月頃から鳴きます。では皆さん悟堂さんのようにがんばってください。

（一九八八年四月）

第4章　里山は鳥たちのふるさと

キジ——日本の国鳥

赤と緑の鮮やかな姿

幼い頃、母と稲刈りに行くと、畔から稲田へ小走りに逃げ込むキジをよく見かけました。逃げる瞬間、首を立てて頭を振るような仕草で私の方を見たときの赤と緑の鮮やかな姿を思い出します。

また山へ薪を拾いに行ったとき、巣の中にぎっしり卵が生んであったのを見ました。母は「あの卵を一つ抜き取るとキジは予定の数にならんので、すぐに追加の卵を生むんやって。毎日一つずつ抜き取ると次々に生むんで、一ぺんに全部取るより結局たくさんの卵がとれるんやて」。また、「ヘビが卵を飲みに来ても逃げんとしっかり抱いているもんやで、ヘビが親鳥をぐるぐる巻きにすると、キジは全力で羽ばたいてヘビをぶっちぎりにしてしまうんやて」とも話してくれました。

キジは地震を予知するのか？

寺田寅彦が、浅間山が噴火する数時間前にキジが鳴きたてるので、キジは地震予知に役立つのではないかと書いています。以前、私の家の周りの山々でも、地震が起きると、キジがケッケーンケッケーンとあちこちで鳴きました。時にはキジの鳴き声を聞いて、「もしや今地震が…」と思ったほどでした。最近は大地震が起きても声を聞かなくなりました。キジが家の近くにいなくなったのです。

キジの雄

県では毎年早春、成鳥に近いキジを千七百〜千八百羽放鳥して増殖を図っていますが、目に見えて増えてきません。それはキジが好んで生息する安全な河畔林、里山や草原が減っているからです。

キジは日本の国鳥

日本に住むキジは特産亜種のニホンキジで、昭和二十二年国鳥に指定されました。県鳥はカイツブリですが、水口《みなくち》、土山、日野、永源寺、能登川、秦荘《はたしょう》、浅井《あざい》の各町が町の鳥にキジを指定しています。いずれの町も河畔林、里山や草原の多い町であることが分かります。

ニホンキジによく似たキジにコウライキジがいます。北海道や対馬で繁殖していて、首に白い輪があるので、すぐ見分けられます。本州にはほとんどいないようです。

キジは秋から春にかけては雌雄別々の群れで生活していますが、春の繁殖期を迎えると雄は縄張りをつくり雌を迎え入れます。一夫多妻で、よく鳴き大きな体で色彩の鮮やかな雄は多くの雌を縄張りに集めるようです。

キジの語源は鳴き声からか？

キジの古名はキギシとかキギスと言い、キギは鳴き声でスは鳥を現す接尾語と言われています。しかしキジの鳴き声がキギではおかしいと言う人もいます。昔、事の激しいことを「けげし」と言い、キジの性質の激しいことからケゲシ→キギシと言うようになったのではないかと説く人もいます。

「雉《きじ》も鳴かずば…」

ものいわじ父は長柄の人柱
　鳴かずば雉もうたれざらまし

写真提供者の天筒靖昌さん（左）と筆者（犬上ダム）

父が人柱になった橋の堤を夫と共に歩いていたとき、突然キジが鳴いたので夫は素早く射落した。「父もだまっていたら人柱にならなくてもよかったのに」と、父を偲んで一人娘がこの歌を詠んだと言われています。「雉も鳴かずば…」の基になったと言われています。
またキジは草の中に頭だけ隠して、長い尾を出しっぱなしにしていることから「きじの隠れ」とも言われ、「頭隠して尻隠さず」の諺と同じ意味に使われています。
とにかく話題の多い国鳥キジですが、日本の発展と共に、野山に増え栄えてほしいものです。

（二〇〇〇年六月）

（グラビアと本文写真提供：天筒靖昌氏）

キジバト——どこにでもいるなぞの鳥

もともと山に住んでいた

キジバトはお寺やお宮に群れるドバト（堂鳩）ではありません。全身茶褐色で、羽にキジのような斑紋があるので、その名があります。

キジバトは、山鳩とか真鳩《マバト》と呼ばれることもあるように、もともと山に住んでいた山鳥だったのですが、次第に山から下りてきて人里に近づき、市街地にまで住むようになりました。都会にまで顔を出すようになったのは、一九六〇年頃からだと言われています。どうして山を下りてきたのでしょうか。第一のなぞです。

ほぼ一年中大声で鳴きつづける

普通、野鳥は、繁殖期だけ「さえずり」という美しい声で鳴きます。雄が雌を誘惑したり、自分の縄張りを宣言するために鳴くのです。しかしキジバトは主として三〜十一月、時によると冬でも「デデッポーポー」という声を山や森に響かせます。猛獣が吠えているようにも聞こえます。聞き慣れると、つい自分もキジバトのリズムに合わせて声を出してしまいます。「ぜぜポッポ、ぜぜポッポ」（汽車の音）、「年寄り来い来い」「與《よ》惣《そう》次《じ》来い来い」とも聞こえます。前の滋賀県野鳥の会会長の中井一郎さん（故人）は、膳所高校に勤めておられたので「膳所高校、膳所高校」と鳴くと言われ、皆で大笑いしたものです。

さてどうして、一年中大声で鳴くのでしょうか。第二のなぞです。

雌雄仲よくいつも二羽連れ添っている

キジバトは、時々二羽並んで電線に止まって、求愛の毛づくろいをしていることがあります。また、いつも二羽が矢のように一直線に並んで飛んで行くのを見かけます。鳩は平和のシンボルになっています。「夫婦仲よく暮らすことが平和なんだよ」と教えてくれているようです。

雌雄同色なので、どちらが雌か雄か見分けられませんが、電線の上でサービスをしている方、二羽飛んでいるとき後を飛んでいる方が雄ではないかと思っています。いつも雌雄二羽一緒に住んでいるのが第三のなぞです。

なぞの答えを皆で想像してみましょう

山から都会へ移住して来たキジバト。世の中が平和になって、食べ物の豆や草木の実がたくさん拾える人里が住みやすいことを発見したのでしょうか。ドバトは伝書鳩として人に飼われ、保護されてきました。そのドバトの保護の傘の下で、自分もちゃっかり生きていこうという算段なのでしょうか。

　ほぼ一年中大声で鳴き続けるキジバト。ほぼ一年中恋をし続け、子育ての縄張りを守らなければならないためでしょうか。キジバトは、春先から秋の終わりまで繁殖しています。一年に数回、多いものは五～六回、子育てをすると言われています。そんなことができるのは、雛に与える餌に関係があるのです。親は雛に豆や木の実を直接食べさせないで、ピジョンミルクに加工してから、口移しで飲ませるのです。そのため年中子育てが可能なのでしょう。

　いつも雌雄二羽が寄り添っているキジバト。年中子育てをするためには、年中恋をし、寄り添っていなければなりません。繁殖はいつも同じ番《つがい》ではないようです。だから雄は雌がそっぽを向いては困るので、いつも求愛の仕草をしているのでしょうか。時には、逃げられそうになった雌を、雄が速いスピードで追いかけている場合もあるかもしれません。

　小首を振ってチョコチョコ歩いている呑気そうな鳥ですが、実は大変忙しく、気の抜けない生活をしているのです。


（一九九九年六月）

ドバトのいろいろ
(大通寺)

コマドリ——日本三鳴（名）鳥

元気よく駆け出せそう

明けましておめでとうございます。今年（平成十四年）は午《うま》の年なので、なんだか元気よく駆け出せそうです。午は、午前と午後のピーク、正午の時刻で、一番暖かいときです。また、二月の初午は稲荷さんの商売繁盛のお祭りです。私の家内の里は近江町で、初午の日は春祭りです。子どもたちを連れて毎年お呼ばれに行った嬉しい日です。近江町は近江真綿の生産地で、その原料になる蚕さんのお祭りが二月の初午の日だからです。

コマドリは明るく朗らかに鳴く鳥

干支《えと》の午にちなんだ鳥を探したら、コマドリ（駒鳥）がいてくれました。コマドリの鳴き方は「ヒンカラララ」で、馬のいななきに似ているので、この名がつけられたと言われています。「馬の耳に風」「馬の耳に念仏」など、馬は鈍感、無関心な耳の持ち主のように言われていますが、コマドリは同じ駒の字がついていても、たいへん警戒心の強い敏感な鳥です。ブッシュのなかに体を潜めて、なかなか姿を見せてくれません。しかし、大きな美声で鳴くので、そのありかはすぐに分かってしまいます。ウグイス、オオルリとともに、日本三鳴（名）鳥の一種になっています。

日本列島の特産種

コマドリは、越冬地の中国南部から夏鳥として日本に渡ってきて、日本列島のみで繁殖します、本州中部辺りでは、千メートル以上の場所にあるササの多い暗い林を住みかとします。比良や金糞岳で鳴き声を聞いたことがありますが、県内での繁殖の確認はまだのようです。

コマドリは、全長約十四センチで、スズメとほぼ同じ大きさです。雄は、頭から背中にかけてと胸が美しい橙色で、腹は灰白色です。繁殖期には倒木の上に飛び乗って、ヒンカラララとテリトリーソングを明るく歌います。

よく間違えられるコマドリ（ロビン）

コマドリは英名でJapanese Robinと呼び、ヨーロッパのコマドリはRobinです。しかしアメリカコマドリAmerican Robinは日本の大型のツグミ類で、コマドリとは全く異なるロビンです。

コマドリは県内では希少種ですが、アメリカロビンはアメリカで最も普通の鳥で、公園や家の近くの木などにも止まっています。滋賀県の姉妹州ミシガン州の州の鳥でもあります。

また、コマドリには *Erithacus akahige* という万国共通の学名が付けられ、アカヒゲには *Erithacus komadori* という学名が付けられています。命名時に誤って逆に付けられたもんですから、今もってそのまま呼ばれています。そのためコマドリとアカヒゲをさらに間違いやすくしています。

　鳴き声が似ているのはコルリです。コルリは、チッチッという前奏を続けた後に、ヒンカラララと変化に富んださえずりをします。コルリは、県内の山地でコマドリよりたくさん見られます。

　とにかくコマドリは、英名、学名、鳴き声など間違われやすい運命をもっています。

コマドリのように明るく元気な声で

　奈良県の大台ヶ原（千六百九十五メートル）、和《わ》佐又山《さまたやま》（千三百四十四メートル）、大普賢岳《だいふげんだけ》（千七百七十九メートル）などへ登ったとき、昼なお暗い密林の中から、ブッポウソウ、ブッポウソウの声とともに、ヒンカラララの声をあちこちで聞きました。コマドリは、奈良県、愛媛県の県鳥です。滋賀にもたくさん来て、明るい声を聞かせてもらいたいものです。

　昨今、世の中は内外ともにコマドリの住む山地のように、光の見えにくい日々が続いています。薄暗がりのなかでも元気よく、明るく、大声で鳴くコマドリのように、今年一年頑張って不景気を乗り越えていきましょう。

（二〇〇二年二月）

（グラビア写真提供：加藤忠夫氏）

シジュウカラ

——どこでも出会えるかわいい小鳥

枝から枝へ飛び跳ねるように移動

山へ行っても、湖辺を歩いても、森や野原、はては市街地をウォッチングしても出会える小鳥シジュウカラ。スズメくらいの大きさで、頭や頬の周りが黒く、胸から腹へ伸びる黒い太い線がネクタイのように目立つ鳥です。いつもせわしそうに木の枝から枝へ飛び跳ねるように移動しながら、餌の虫を探しています。

巣箱をよく利用する鳥

巣箱と言えばシジュウカラ用のものを指すくらい、シジュウカラは巣箱をよく利用する鳥です。巣箱の寸法を図に示しますので、一度作ってみてください。穴の大きさが少し大きいと、スズメが入ってしまいます。台風や吹雪にさらされても壊れないよう、丈夫に作ることが大切です。

秋の終わり頃までに、地上から三メートル前後の高さに、東か南向きに取り付けてください。

▼大津市の山本毅也さん宅の陶器製の腰掛

三～四個を、四、五十メートル離して分散して取り付け、そのうちの一個を利用してくれれば成功です。家の窓から見える場所に取り付けると、シジュウカラの子育てを、ご飯を食べながら楽しめます。

巣箱以外でも営巣する

本ページの写真は大津市の山本毅也さん宅の陶器製の腰掛けに営巣した例です（平成十二年春）。この写真の翌日、巣立ちしたそうです。このほか、郵便受け、灯籠、戸の節穴から入って戸袋などに営巣した例もあります。本来は林の樹洞《じゅどう》（キツツキの古巣など）に巣を作るのですが、樹洞が不足して人工物を利用するようになったのでしょう。

三島池自然観察会「シジュウカラ用巣箱づくり」

名前の由来

「カラ」は鳥の総称です。「シジュウ」は鳴き声に由来すると言われています。さえずりはツツピー、ツーピー、ツーピーですが、繁殖期以外の地鳴きは、チ、チジュクジュクです。このジュクジュクを「シジュウ」と聞きなしたのではないかと言われています。漢字の四十雀《シジュウカラ》は、大きさがスズメに似ているからでしょう。

カラ類の混群

シジュウカラ科の小鳥には、ハシブトガラ、コガラ、ヒガラ、ヤマガラなどがいて、一般にカラ類と呼んでいます。秋から冬にかけて、これらのカラ類に、ほぼ同じ大きさのメジロ、コ

●巣箱の設計例（板の厚さ1～1.5㎝）

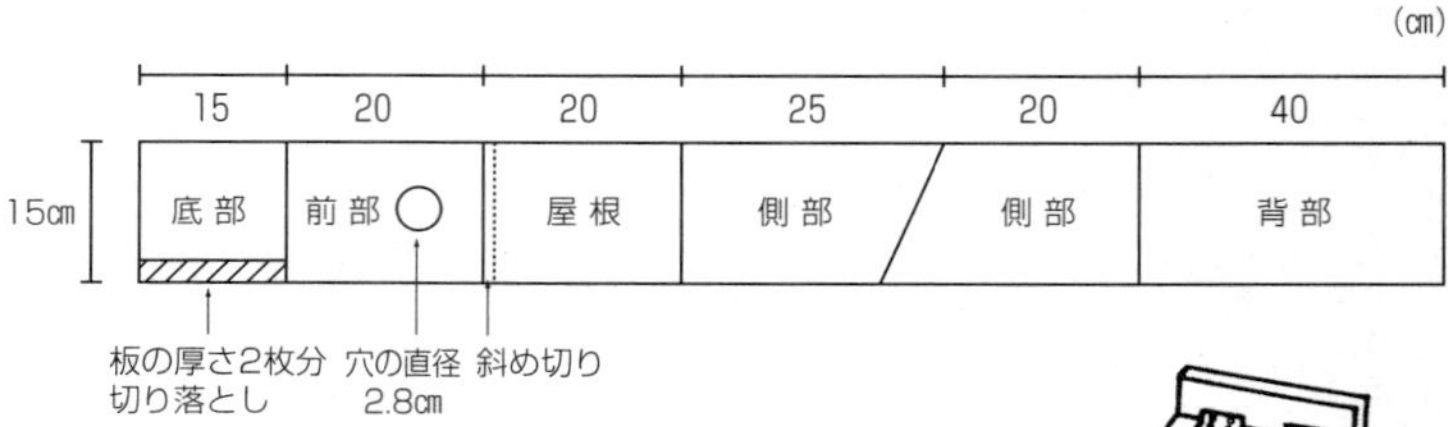

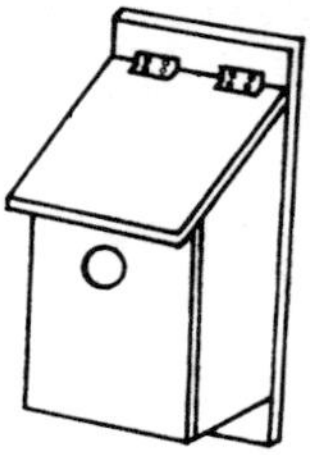

ゲラ、エナガなどが加わって数十羽の混群をつくります。

山などに行って仲の良い混群に出会ったら、腰を下ろして仰向きになって、一緒に遊んでみましょう。頭上や目前で、種類ごとのおもしろい仕草を見せてくれ、時間のたつのを忘れてしまうくらいです。

群れの去ったあと、ほっとして我に返る間もなく、再びちんどん屋さんのようにいろいろな鳴き声を出しながら、せわしく戻ってくることがあります。しばらく腰を下ろしたまま待つことにしましょう。

（二〇〇一年八月）

（グラビア写真提供：山本毅也氏）

トラツグミ——哀れ気に鳴く鳥

山麓道でヒィー、ヒョーの声

滋賀文教短期大学を退いた翌月、「先生の肩書きをどうしましょうか」と「み〜な」の編集長小西さんから電話がかかりました。たくさんあった肩書きが一つ消え、二つ落ち、今残っているのはもう五指を出ません。「滋賀県野鳥の会名誉会長にしておいてください」。とっさに出た返事。これならもう、一生連れ添ってくれる肩書きだからです。やはり私に一生付き添ってくれるのは野鳥なんだ。そんなことを自分に言い聞かせながら、夕方、いつもの山麓道をウォーキングしていると、突然、ヒィー、ヒョーの声。トラツグミだ。そうだ、次の湖北野鳥散歩はトラツグミにしようと足を踏みしめました。

これは何の鳥？　初めて庭に来ました

長浜市山階町の千田さんから三年前（平成十二年）に送っていただいたトラツグミの写真です。いつか、湖北野鳥散歩で一緒に歩きたいと思っていました。当時、山東町立東小学校の校長だった金沢先生（連載当時は長浜市教育長）が同じ山階町からお通いでしたので、千田さんのことを尋ねたら「うちのお寺のご新造さんやで」と言われてびっくりしました。トラツグミがやって来るような広くて安全なお庭が市街地にあるのです。カメラのタイミングのすばらしさ。瞳の輝き、虎斑の美しさ、尾羽の先端の白い部分までバッチリ写っています。バックの白は雪でしょうか。赤い実をおいしそうについばんでいるトラツグミ、幸せいっぱいの表情です。

哀れ気に鳴く鳥

トラツグミの鳴き声を「さびしげに鳴く」と表現しては感情の深まりが浅く感ぜられます。感動的でもの静かな幽玄の世界にいるような「哀れ気に鳴く鳥」と表現した方がふさわしいと思います。細く澄んだ、しかもよく透る高い声。ヒィー、ヒョーと、ゆっくり口笛のように鳴くのです。しかもどこで鳴いているのか分からない、方向性のはっきりしない声です。体をぐるっと回しながら、声の透ってくる方向を暗闇の中で探さなければなりません。普通は夜から朝方にかけて鳴きます。雨の日や昼なお暗い森では、昼間でも鳴きます。三～四月頃から七月頃まで、夜鳴くフクロウやアオバズク、ヨタカの鳴く頃です。

怪獣ヌエがこの鳥の名になってしまった

「むかし、近衛天皇が原因不明の病気に苦しま

山東町高齢者「環境と健康」講座の探鳥会（近江八幡市伊崎寺）

れたとき、源頼政という豪の者が、夜ごと紫宸殿の屋根に来て鳴く怪獣を射止めた。怪獣は『その声ヌエのごとし』とあったが、どうしたわけか、後世『それはヌエと呼ばれていたトラツグミであった』というふうに伝えられてしまった。つまり天皇を苦しめたのは、ヌエのしわざであった、ということになって、おかげで名前は有名になったが、とんだぬれぎぬを着せられてしまった」（読売新聞社編『鳥の歳時記』）。

最近は希少種になってしまった

三、四十年前までは、近くの里山の広葉樹のよく茂った森で、昼間でもヒィー、ヒョーの声をよく聞きましたが、最近はほとんど聞けなくなりました。春夏は山で、秋冬は公園や林緑などの広い草地で見かけることがあります。ツグミと同じように、五、六歩跳ねては立ち止まって空を仰ぎ、首を左右に振って落ち葉を跳ね除けてミミズを探して食べます。秋の赤い実もよく食べます。

大型ツグミ類の中でも最大のツグミで、全長三十センチくらいです。黄褐色の地に、三日月形の黒褐色の虎斑がいっぱい散らばっているので、この名があります。

夏は山で声を、秋冬は姿を草地で探してみましょう。

千田さん、お写真ありがとうございました。

（二〇〇三年七月）

（グラビアと本文写真提供：千田みのり氏）

ヒレンジャク

ツグミ

フクロウ——低音の魅力ある鳥

低音の鳥は友だち

私はここ二、三年、徐々に耳が遠くなり、鳥の声が聞きづらくなってきました。お医者さんは、「まだ補聴器は必要ない。高音の反応が鈍くなっている」といいます。そのためかフクロウの低音はよく聞こえます。夜、ウォーキングしているとき、フクロウの声は、家内より私の方が先に聞きつけ、ケリは家内の方が先に聞き出します。「おかしな耳やなぁ」と家内は笑います。だから、私は今、野鳥の中でフクロウが大好きで、フクロウの声を聞くと得意になり、元気が出るのです。

カッコウ、ツツドリ、ガン、カモ、ハクチョウ、カラス、カケス、キジバト、サギ、それにウグイス、ムクドリ、ヒヨドリにツグミなどの大型、中型の鳥は、低音だから耳が遠くても、聞き分けができるので、今の私の友だち鳥です。高音美声の小型の鳥は、聞こえません。春山に入ると、※レイチェル・カーソンではないが、

「沈黙の山」という感じで淋しいものです。

愛嬌のある顔、しかし猛禽《もうきん》

フクロウ科の鳥は日本に十種いますが、その特徴は、丸い顔とクリクリ目です。目の虹彩《こうさい》の色は、赤、黄、黒などがいますが、フクロウは唯一の濃い黒褐色です。首をくるりと回したり、すくめたりして、その仕草がかわいいのです。しかし、フクロウはワシタカと同じ猛禽類で、手カギを思わせるようなクチバシと爪の持ち主です。ネズミを主食としますが、昆虫やイタチを捕らえて食べるそうです。

音を立てずに素早く飛ぶ

フクロウは、夜、活動し、昼間は茂みや樹洞で眠っています。夜になると、かすかなネズミの物音を聞きつけて、素早く襲いかかります。もし耳が遠くなったら、どうするのでしょうか。

フクロウは音を立てずに素早く直降する羽を持っています。この羽が、新幹線特急のパンタグラフの設計モデルになったと聞いたことがあります。さらに真っ暗な夜でも、木に衝突することもないフクロウのような車ができないものかと思います。

厳冬の夜からホッホー

寒い冬の夜、ウォーキングしていると、毎夜、

保護されたフクロウの子（大東中学校野鳥保護センター提供）

同じ森からホホ、ゴロッホーホーとフクロウの鳴く声が聞こえます。特に早春はよく鳴きますが、六月頃もまだ鳴いています。今年（平成十四年）、三島池の蛍川でゲンジボタルが異常発生し、蛍光の壁を作りました。その時、裏山の二カ所で、フクロウが毎晩ゴロッホーホーと鳴いていました。ある新聞社から「昼間のフクロウを見つけてください」と依頼を受けましたが、昼間は鳴かないので、遂に探せませんでした。

鳥の名は子どもの発想から

「フクロウの昔の日本語はツクであった。それがいつの間にかフクロウに変わっておる。ぢっとあの啼く声を聞いているうちに、子どもたちが誰いふことなくこの名を採用することになって、それに大人も反対しなかったものである」（柳田国男著『野鳥雑記』）。この中に、「ぼろ来て奉公」「ノリツケホーセー」「ホーホ五郎助どうした　酒でも飲んだか」「コジョロ　戻ってねんねこさせ」など、たくさんの聞きなしが書いてあります。そしてその裏には、地方地方のすばらしい話があると書いていています。わが町の聞きなしの話も残しておきたいものです。

フクロウ類はすべて貴重種

最近フクロウ類が少なくなっています。県内で見られるフクロウ類は、コノハズク（絶滅危惧種）、コミミズクとトラフズク（絶滅危惧増大種）、アオバズクとフクロウ（希少種）です。山が針葉樹に植林されて樹洞がなくなっていることや、ネズミなどの餌が少なくなっていることに原因があるのでしょう。あの低音の魅力、いつまでも鳴き続けて、「沈黙の夜」にしないでほしいものです。

（二〇〇二年十月）

※レイチェル・カーソン（一九〇七〜一九六四）
アメリカの海洋生物学者。一九六二年、農薬や化学物質が環境や生物に与える影響を告発した『沈黙の春』（Silent Spring）を著す。これは、当時、大きな論議を巻き起こしたが、地球環境がますます深刻になっている現在も見直されている。『沈黙の春』を著す前に執筆したエッセイ『センス・オブ・ワンダー』（THE SENSE OF WONDER）』は映画化され、全国各地で上映されて反響を呼んでいる。

ルリビタキ
——身近にやってくるスズメくらいの鳥

美しい色の鳥が来た

「美しい鳥が職場（昔瓦屋さんのあった場所）に来ていますよ。あんまりかわいいので、餌に米を撒《ま》いておきました」

「何色をしていましたか」

「美しい瑠璃《るり》色です。ほんとうに美しい瑠璃色です」

「脇腹に橙色の部分がありませんでしたか」

「うーん、そこまでしっかり見ませんでした」

「あまり鳴きませんでした。ヒッヒッと鳴いたかなあ?」

「しっぽを振っていませんでしたか」

楽しいルリビタキとのふれあい

翌日、職場へ鳥を見に行きましたら、ルリビタキが朝日を浴びて美しく輝いていました。隣のおばさんもいつの間にかちゃんと来ていました。

「ルリビタキですよ。そら脇腹が橙色、しっぽを時々振りますね。目がパッチリ大きくて、キラッと光っていますね」

おばさんは自転車で来ていましたので、

「うちのおばあちゃんも呼んで来てくれませんかなぁ」

すぐに家内も走って来ました。

「こんなにゆっくりと目の前で美しい鳥が見られるなんて、ほんとうに幸せです。睦ちゃんありがとう」

一時間ほどルリビタキと三人が遊んでしまいました。

京都で見たルリビタキ

昨年（平成十年）、京都の植物園へ探鳥会で行ったとき、望遠レンズを構えたカメラマンが、背丈ほどの岩の周りをぐるっと囲んでいました。ときどきその中の一人がミールウォームの幼虫を岩の上に置きに行きます。すると、この幼虫をめがけてルリビタキがどこからかサッと飛んで来て、幼虫をくわえて飛び去るのです。その瞬間、シャッターのパシャパシャという音が一斉に響きます。今年（平成十一年）は京都御所へ野鳥の会で探鳥に行きましたら、ここでも、古い大きな株の上にミールウォームの幼虫を置いてカメラを構えている人に出会いました。やっぱりお目当てはルリビタキでした。

夏は高山に、冬は里山に

ルリビタキは瑠璃色をしたヒタキ科ツグミ亜科の鳥です。ヒタキ（火焼き）は、その鳴き声

ルリビタキ（山東町）

が火打ち石をたたく音に似ているから、その名が付いたんだそうです。
　夏場は高山で繁殖し、冬は里山に下りて来るのです。うす暗い森が好きですから、近くにこんもりした落葉の多い森があればやって来ます。ときどき明るい所に出て来て、地上近くの枯れ枝に止まって虫やクモを探します。かわいい大きな目と幅広いしっぽ、ほんとうにかわいい鳥です。ルリビタキに出会ったら、虫探しの邪魔をしないでやってください。
（一九九九年四月）

メジロ——小さくて可愛い鳥

メジロは小さくて可愛い鳥で、人が近づいても急に逃げたりしない。メジロは名前の通り目の回りの真白なアイリングが目立つ鳥で、脇に紫褐色の部分があります。

色彩の上でウグイスと間違えられることがあります。それは土産物屋で売っているウグイス餅やウグイス豆の鮮やかな緑色に責任がありま す。ウグイスの頭、背、尾はもっと燻《くす》んだ暗緑褐色をしていますが、ウグイス餅のイメージでメジロを見たとき、これこそウグイスだと錯覚を起こしてしまうのです。メジロの上面はオリーブがかった美しい緑色です。

メジロは花の蜜が大好き

メジロは普通常緑広葉樹林（カシ、シイ、ソヨゴ、ツバキなど）の中で生活し、昆虫やクモを主に食べています。

またメジロはツバキの花蜜が大好きで、大きいツバキの花の中へ細いクチバシを突っ込んで、うまそうに蜜を吸います。桜の満開の頃、

メジロ（山東町）

桜の蜜を求めて集まってきます。ヒヨドリやウソもやってきますので、桜の満開はメジロ、ヒヨドリ、ウソに出会えるチャンスです。

メジロの体重測定

あの小さいメジロの体重はどれくらいあるのでしょうか。どうして量ればよいのでしょうか。私の鳥友、岡山速俊さん（北九州市）は次ページの図のような装置でメジロ三千羽余り、ウグイス七百羽余りの体重を測定しました。

びんの中に赤や黄色のジュースを入れて餌台の上に置くと、メジロ、ウグイス、ヒヨドリが集まってくるのです。体重計の上に乗るとジュースが吸いやすいように配置し、ガラス窓の近くに餌台を置き正確に体重計の目盛りが読める

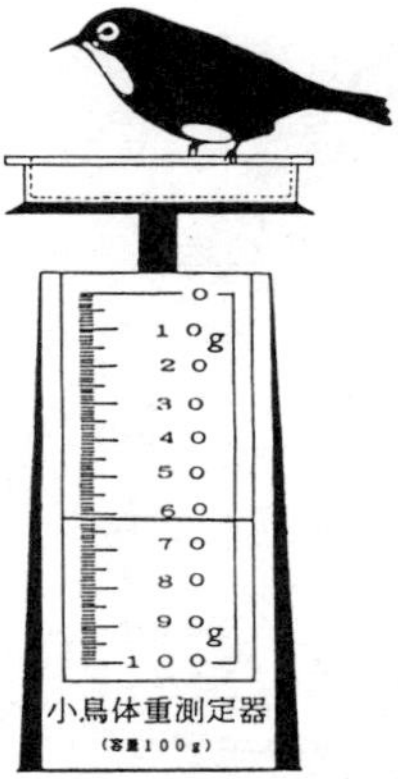

例：61g（小鳥とジュース）－50g（ジュース）
＝
11g（小鳥の体重）

小鳥体重測定器

ように工夫したのです。

その結果メジロは一羽十〜十四グラム、ウグイス雄は十六〜十七グラム、、雌はほぼ十一グラムであったと報告しています。（滋賀県野鳥の会会誌「かいつぶり」第22号）

小鳥の体重

さて、他の小鳥の体重はどれくらいあるのでしょうか。それが知りたくなって清棲幸保著『野鳥の事典』の中を探したら「日本産野鳥の各部分の測定と分布表」がありました。その中から二〜三拾ってみると、ヒガラは七グラム、ヤブサメ八グラム、スズメ二十二〜二十六グラム、ホオジロ十七〜二十六グラム、ツバメ十二〜二十三グラム、ヒヨドリ六十〜七十五グラムとありました。ちなみにそばにあった鉛筆一本は四グラム、ボールペンは七グラムでした。

小鳥たちがわずかこれだけの体重で元気よく大空を飛び回るそのバイタリティーに改めて感心してしまいました。

メジロのさえずりは複雑

メジロの地鳴きはチィー、チィーと甘えるように鳴くので、チチッ、チチッのホオジロとは区別がつきます。川村多実二先生（故人）はメジロの地鳴きを合図、喜び、呼びかけ、眼白押開始、警戒、、相手を嫌う鳴き方などに区別されていますが、私たちには到底聞き分けができません。

さて、メジロのさえずりは大へん複雑で仮名文字にはなかなか表記できません。訳の分からない早口で大きいよく透る声でさえずっていたらメジロだと言ってもよいくらいです。昔の人はメジロの聞きなしを「長兵《ちょうべ》衛忠兵《えちゅうべ》衛長忠兵《えちょうちゅうべ》衛《え》」と伝え残してくれました。皆さんも早口で大声で言ってみてください。確かにメジロのさえずりに似ているように思われます。

眼白押し

メジロは俳句の歳時記を見ますと秋の部に入っています。それは夏は主として七百〜八百メートルの山に生活し、秋冬は平地や市街地の公園などに下りてきて人目につきやすくなるからでしょう。

「眼白押し」という言葉があります。木の枝にメジロが押しくらまんじゅうのようにして並ぶことです。私は残念ながら眼白押しを見たことがありません。昔はあちこちで見られたのでこの言葉が生まれたのだと思います。現在あまり見られないのはメジロが少なくなった証拠ではないかと思います。言葉だけ残る「眼白押し」にならないようにしたいものです。

（二〇〇四年四月）

コラム

老学長との再会を果たして

「大東中だより」

「大津市平津町二丁目13―26」とメモした紙切れを片手に滋賀大学付近の坂道を上下した。やっと白い門扉柵にたどり着いたのはバスを降りてから三十分後であった。呼び出しベルを六回押したとき、雨戸が開いて若い女の人が窓越しに「どなたさんですか」と声をかけてくださった。「山東町からやってきました　くーもーでー　です。四十年振りに先生にお会いしたくやって来ました」。

滋賀大学の元学長、良寛研究の第一人者、八十二歳の三輪健司先生。私の生物研究とはおおよそ縁遠い倫理学者。私は学生時代どうしたことか先生と意気投合し、兄貴のように慕った。私の草ぶきの家へも再三お招きした。受賞のたびにいつも一番早くお祝いの書状をいただくのもこの老先生。それなのに四十年お出会いしていないのである。今年は再会のきっかけを作るべく、滋賀県野鳥の会の会誌「かいつぶり」の巻頭言をお願いしてみた。「良寛の自然観」という玉稿を拝受した。今日はそのお礼の訪問なのである。

先生は元気であった。茶色のカーディガン、茶色のニットのズボンがよく似合い、高僧良寛の風貌を思わせた。

「良寛は七十四歳、釈迦は八十歳で亡くなった。私はその歳を超えた」

「巻頭言を書くのに良寛と野

鳥の関係を文献で調べた」

「法は倫理の最低線を示すものだ。教育や政治は最高の倫理を守らねば」

一言一言身にしみ、日当りのよい高台のお家から町を見下しながら話に聞き入った。温かいコーヒーが五臓六腑にしみてゆくのが感じられた。

「口分田君が教員免許状を申請した昭和二十三年、時の駐留米国司令部が、君が海軍兵学校に在学していたことで許可に難色を示した。私はマートン司令官に許可の交渉に行った。マートン司令はよく分かるいい人であった」。間もなく教師生活が終わろうとしているときに、初めて聞いた話であった。もし免許が下りていなかったら、私は今どこでどうしているだろうか。一瞬にして、空想が頭をかけ巡った。語ること一時間半、先生のお疲れを気にしながらも、四十年の空白を埋めるように、耳を傾けたり、一心にお話をさせていただいた。始めの緊張がだんだんほぐれて、ほっとした安心感の中で、若き日の兄貴に戻って語っていただいた。

「会いたい、会わねばならん」と思いつめて四十年。その望みをようやくかなえ、門口を出たとたん気分壮快、元気もりもり。「よーし、今日は石山駅まで歩いてやろう」。風は強いが小春日和で足は軽かった。瀬田川でハクセキレイ、カンムリカイツブリ、ユリカモメに出会った。タンポポが一株、真っ黄に咲いていた。腰を下ろして今日の感激をタンポポに語った。いくつかのボートがオールの音をきしませながら瀬田川を上り下りしていた。

（一九八八年十二月）

◆ヨシ原は野鳥たちのオアシス◆

琵琶湖３大ヨシ帯

草津市　下物付近

湖北町　今西付近

新旭町　針江

第5章　湖国の美しい鳥たちを守るために

海ガモ

キンクロハジロ(左)とヒドリガモ(右)

陸ガモ

オカヨシガモ(左から雌と雄)

ミコアイサの雄（パンダガモ）

ハシビロガモの雌

琵琶湖の陸ガモと海ガモの構成比の推移

琵琶湖は海のように大きいので湖であっても普通海に多いカモもたくさんやって来る。

陸ガモは淡水ガモとも呼ばれ一般に水草や陸上の草を食べる。急に危険が迫ったときは短時間（五秒くらい）水に潜るが普通は水面上に浮いている。水底の水草などを食べるときは首を水中に突っ込み足や尾は空中に出している。転倒採食型とも呼ばれている。陸上に上がって草を食べるので歩行も上手で、足は体の中央についていて陸上でバランスが保てるようになっている。ハクチョウ、ヒシクイ、オシドリ、マガモ、カルガモ、コガモ、トモエガモ、ヨシガモ、オカヨシガモ、ヒドリガモ、オナガガモ、ハシビロガモなどが陸ガモである。

海ガモは潜水採餌ガモとも呼ばれ、長い間潜水して魚を捕らえたり湖底の貝類を捕らえて食べる。陸ガモが草食性であるのに対して、海ガモは肉食性である。海ガモにはホシハジロ、キンクロハジロ、スズガモ、ホオジロガモ、ミコアイサ、ウミアイサ、カワアイサなどがいる。

陸ガモと海ガモの比率を滋賀県の水鳥一斉調査記録で調べてみると次のグラフのようになる。

一九八二年までは多少の出入りはあるが一般的には海ガモの方が比率が高い。しかし一九

図1　琵琶湖及び周辺の海ガモ・陸ガモの構成比の推移（1969～2001）

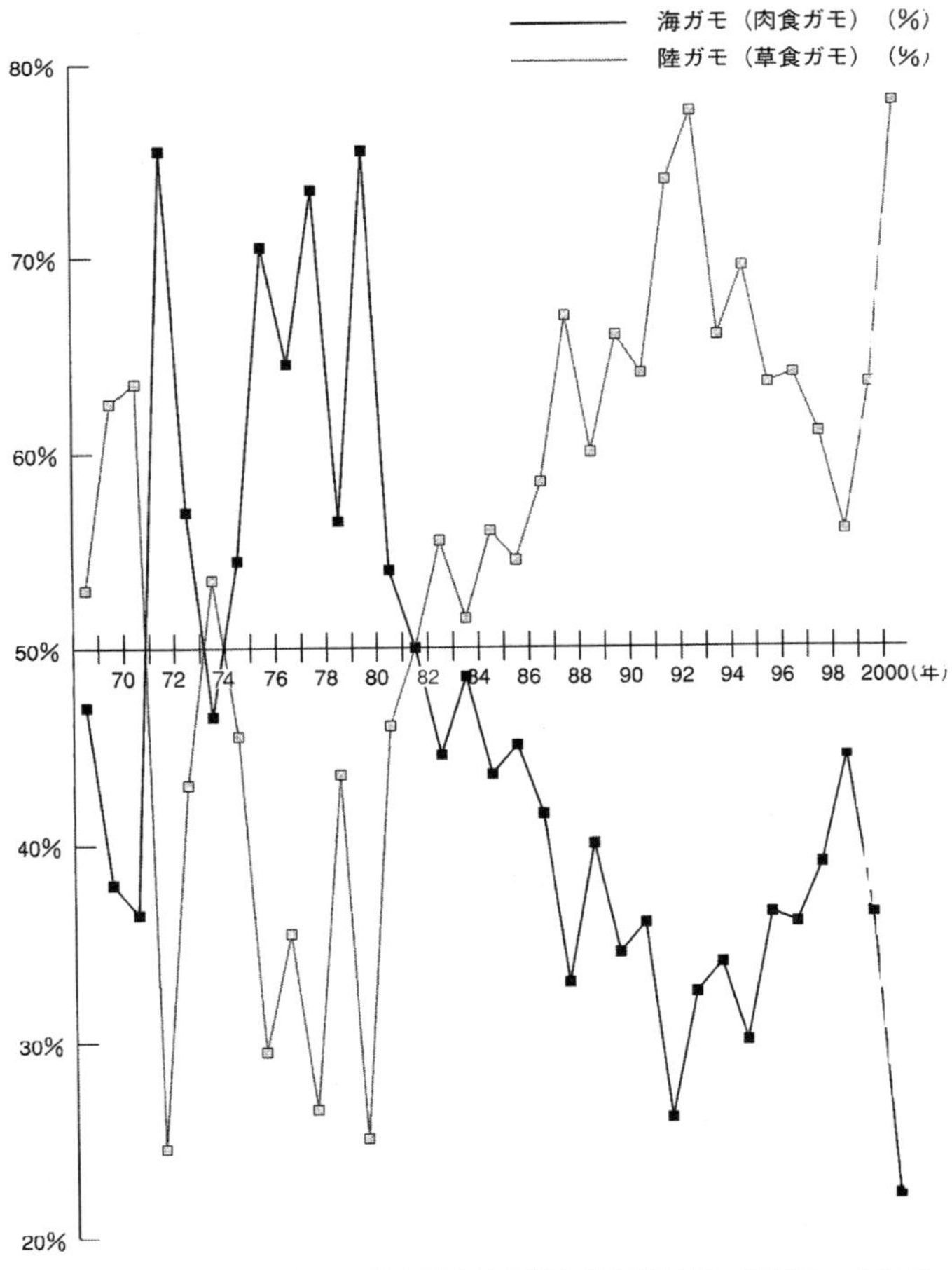

（2003 滋賀県文教短期大学研究紀要　第12号　口分田）

図2　琵琶湖でとれた魚や貝などの動き

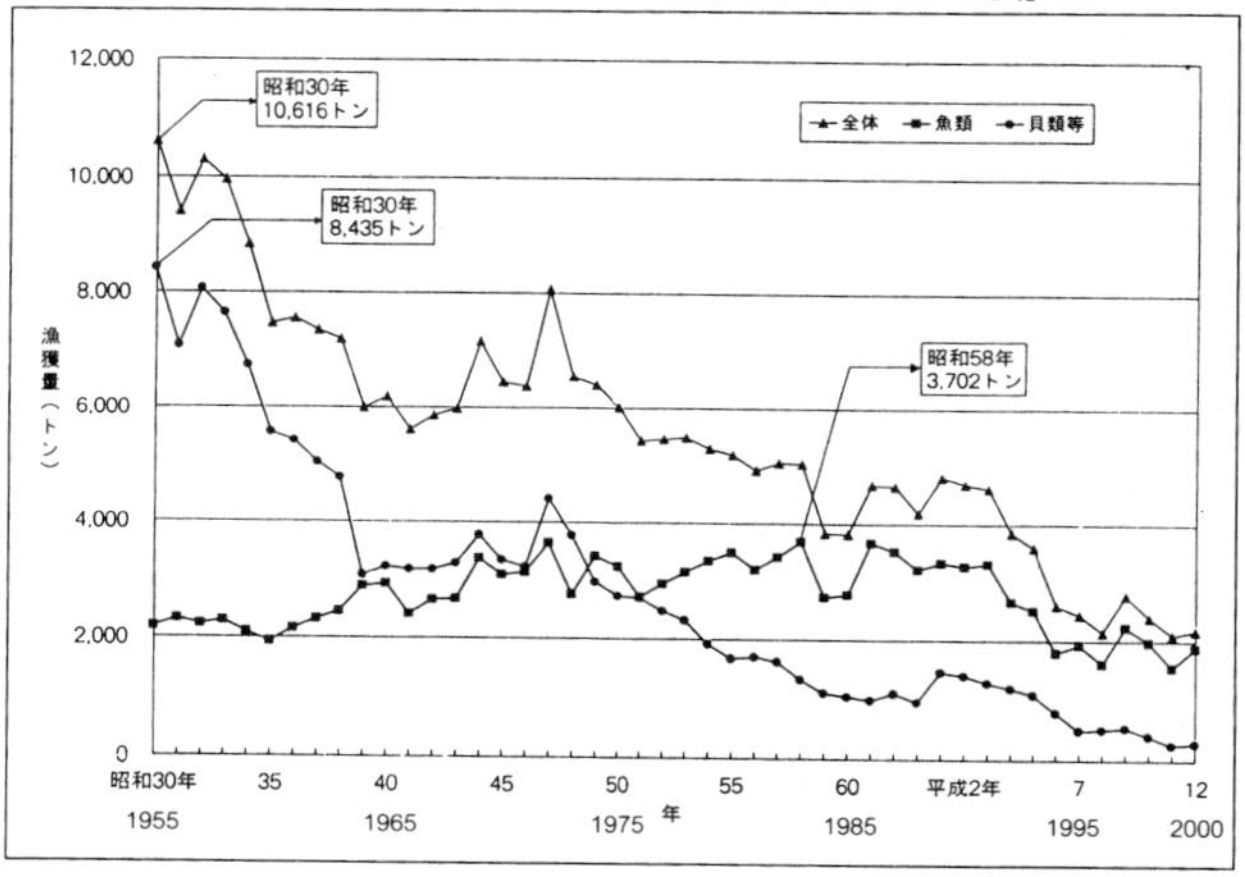

わたしたちの琵琶湖と魚たち（滋賀県農政水産部水産課　2002年3月発行による）

八二年を過ぎると陸ガモの方が断然比率が高くなり、海ガモは低くなることが分かる。

どうして陸ガモが多くなったんだろうか。やはり餌の関係ではないだろうか。一九七一年琵琶湖全域が鳥獣保護区になり琵琶湖に飛来するカモ類は急激に増加する。一九七三年頃より帰化植物のオオカナダモが増えはじめ一九八九年頃から帰化植物のコカナダモが繁茂しはじめる。草食の陸ガモにとって食糧豊富な環境が整ったので陸ガモが優占種になったと思われる。

他方肉食性の海ガモは魚貝類の減少で生息数の比率が減少したものと思われる。図2は琵琶湖でとれた魚や貝などの重さのグラフで、右下がりの傾向著しく魚貝類が著しく減

カワウなどの糞で白くなった沖の白石

少していることが分かる。
　しかしここで考えなくてはならないことは、この間琵琶湖では外来魚が増加したこととそれに伴って魚食性のカワウが急増していることである。この海ガモ・陸ガモの構成比にはカワウは入っていない。夏季カワウはカモ類が琵琶湖には少ないので琵琶湖の魚を独占して食べているものと思われる。
　また草食性の水鳥オオバンが冬季琵琶湖に急増したことである。その数はカワウより著しく多く、最近では琵琶湖で繁殖しはじめた。したがって夏季でもオオバンを多数見ることができるようになった。勿論オオバンはこの陸ガモ・海ガモの構成比のメンバーには入っていない。

表１　琵琶湖及びその周辺の水鳥個体数

	カワウ	オオバン
平成 4 (1992)	1,077	474
5 (1993)	1,205	2,070
6 (1994)	908	1,816
7 (1995)	1,236	2,511
8 (1996)	1,223	2,161
9 (1997)	1,099	3,409
10 (1998)	965	1,226
11 (1999)	983	4,595
12 (2000)	789	2,829
13 (2001)	2,567	1,761

そこで、カワウを肉食性の中に入れ、オオバンを草食性の中に入れるとすると、草食性の水鳥の方がさらに高率になることが分かる。

表１は滋賀県自然保護課の琵琶湖及びその周辺の水鳥一斉調査（一月中旬）によるものである。カワウ、オオバンの急増のためカワウは平成元年（一九八九）より、オオバンは平成四年（一九九二）より滋賀県の野鳥の会の申し入れにより滋賀県独自の調査対象種にしてもらった。この他ユリカモメもカワウと同じ年より調査対象種に入れてもらったので、それ以前の調査データはない。

今後琵琶湖の水鳥構成比を大きく左右するのはカワウ・外来魚・水草の異常繁茂が鍵になることが分かる。いずれも現在琵琶湖がかかえる課題である。

山東町三島池におけるガンカモ科・カイツブリ科の推移

滋賀県山東町池下にある三島池は周囲八百五十メートルの長楕円形の池である。鎌倉時代の初期佐々木秀義が造成したと伝えられ、人柱として比夜叉御前《ひやしゃごぜん》が生き埋めにされたと言い伝えられている神池である。

古来より水鳥を神の化身として大切にしてきたこともあって多くの水鳥が集まる池として有名になった。そのため禁猟区に指定されていたが、昭和三十二年（一九五七）にマガモが自然繁殖していることが確認され、県指定の天然記念物「三島池のマガモ及びその生息地」となった。三島池周辺は特別鳥獣保護区に指定されている。

この池に飛来する水鳥の推移について多くの資料で確認した結果、表2のようになった。

昭和四十四年（一九六九）以前の状況

この期間は全く自然状態の池で灌漑《かんがい》用の溜池である。記録に残っている水鳥はヒシクイ、マガモ、コガモの三種で、マガモの自然繁殖が確認されている。

表2　三島池におけるガンカモ科及びカイツブリ科の年度間最多羽数

出所 { 1960～1999　大東中学校科学部資料
　　　 2000～2001　県立三島池ビジターセンター資料

年度		ヒシクイ	マガモ	カルガモ	ハシビロガモ	コガモ	オシドリ	ヨシガモ	オカヨシガモ	オナガガモ	ヒドリガモ	トモエガモ	キンクロハジロ	ミコアイサ	カイツブリ	その他	種数
昭和	西暦																
35	1960																
36	61	60															1
37	62																
38	63	48	155			51											3
39	64	52	150			70											3
40	65	51	150			30											3
41	66	30	250			40											3
42	67	62	220			10											3
43	68	75	225			5											3
44	69	83	152			5											3
45	1970	115	436			16									9		4
46	71	84	320	2		4									5		5
47	72	93	357	2		2									12		5
48	73	45	348	8		28									8		5
49	74	150	613	8		36									10		5
50	75																
51	76	17	402	38		7				1					10		6
52	77																
53	78																
54	79																
55	1980																
56	81																
57	82	15	398	7	98	18	8			38	8	2	4		7		11
58	83	23	561	31	62	11	6			46	11	2	3	9	2	オオハクチョウ 1	13
59	84	13	764	24	21	16	6			6		1			3	オオハクチョウ 7	10
60	85	38	1485	36	44	40								2	7		7
61	86	15	812	23	52	17	5	2		13					9		9
62	87		1229	20	31	10	7			7					3		7
63	88	17	1354	9	46	21	9			42	43			14	10		10
平成1	89	7	1389	18	83	14	53	1		31	26	25		12	5		12
2	1990		1332	8	41	13	29	1		2	6	24	1	8	4		12
3	91		1020	3	34	6	52	3	2	1	13	1		8	5		12
4	92		907	8	34		55		30	2	12			6	4		9
5	93		921	3	52	3	98	4	82	81	56			3	12		11
6	94																
7	95		635	62		89	62			15	16				3		7
8	96	11	692	32	12	32	87				10			4	9		9
9	97	1	814	16	9	53	71				3				5		8
10	98	1	826	6	4	18	82			26	26				5		9
11	99		1925	10		14	225			123	168	1	1	2	5		10
12	2000		1000	17		21	160		8	100	100	6	1	5	4		11
13	01		900	18		8	240	14	7	140	120			4	4		10

（2003 滋賀県文教短期大学研究紀要　第12号　口分田）

昭和四十四年（一九七〇）～昭和五十五年（一九八〇）の状況

この期間は飛来する水鳥も五～六種と多くなり、マガモの数も多くなり、ヒシクイの飛来数もピークに達する。夏季にヒシが池全体を被って悪臭を放つようになったので、大規模な浚渫が昭和五十五年（一九八〇）に行われた。

昭和五十六年（一九八一）～平成十二年（二〇〇〇）の状況

大規模浚渫《しゅんせつ》の結果、ヨシ群落は全くなくなり、ヒシを主体とする浮葉植物も全くなくなった。これ以後三島池には抽水《ちゅうすい》、浮葉植物は二十年経過しても全く回復しなくなった。開水面が広くなり水鳥は種類数・個体数共に急増した。しかしヒシクイは三島池から姿を消すことになる。池周辺が公園化され、東側にスポーツ・レクリエーションのグリーンパーク山東がオープンして観光客も急増し、人と水鳥のふれ合える池として多くの人に親しまれることになった。

三島池の現状

冬季千四百羽～千五百羽の水鳥が池に集まり、給餌も盛んに行われるようになった。水鳥

三島池全景

たちが観光客が与える餌に集まり、観光客と水鳥のふれ合いが池の名物になっている。給餌の残り、水鳥の大量の糞、それに周辺から流入する農業排水、家庭雑廃水の増加によって三島池の富栄養化が進んでいる。

平成十年（一九九八）遂にアオコが大発生し悪臭を放った。それ以後毎年三島池にアオコが発生している。よく調べてみると町内の溜池にもアオコが発生していることが分かった。そこで県や町それに周辺の住民とシンポジウムを開催して、池の復元を図ることになった。ヨシの植栽、水路の復元、給餌場所の特定、周辺溜池とのビオトープネットワークなど三島池復元事業が今始まろうとしている。

三島池における水鳥の越夏状況の推移

私が三島池のマガモの越夏に気付いたのは昭和三十一年（一九五六）の夏であった。三島池の水生生物の調査をしているときであった。四羽のマガモが夏を越しているという記録が残っている。付近の人々や滋賀県立彦根短期大学長川村多実二先生の助言もあって、「マガモが三島池で自然繁殖しているのではないか」という疑問が明確になった。そこでこの問題解決のために昭和三十一年から付近一帯を探したり、古老の話を聞きに歩いた。

昭和三十二年（一九五七）年春、三羽のマガモが三島池に残っているのを確認し、太郎、次郎、花子と名をつけ、この夏、三島池で抱卵しているマガモを見つけた。

その後三島池周辺でマガモが越夏し繁殖している数は増加していった。しかし水鳥の飛来数調査は秋から冬にかけてが主で年間調査が行われていなかったので、越夏状況が多年（一九六二～一九八三）にわたって空白になってしまった。その後年間調査が行われるようになり、越夏している水鳥の状況が表3のように明らかになった。

しかし昭和五十五年（一九八〇）頃になると各地で商業用のマガモの飼育が始まり、肉用

表3　三島池における水鳥の越夏状況

（8月における最多羽）

年	年号	マガモ	オシドリ	ヒドリガモ	オナガガモ	ハシビロガモ
1956	昭31	4				
57	32	3				
58	33	3				
59	34	5				
60	35	5				
61	36	11				
1984	昭59	26				
85	60	12				
86	61	8				
87	62	19	2			
88	63	24	1			
89	平1	27	13			
1990	2	35	10			
91	3	29	30			
92	4	16				
93	5	26	3			
94	6	25	6			
95	7	19	2			
96	8	21				
97	9	34				2
98	10	30				
99	11	38	1	2		
2000	12	27	16	3	1	
1	13	26	12	1	1	
2	14	15	15	1	1	

（2003 滋賀県文教短期大学研究紀要　第12号　口分田）

マガモの雄同士の交尾姿勢

として出荷されはじめた。この養殖マガモの篭抜けが自然繁殖しはじめ、各地でマガモの自然繁殖が報告されるようになった。

平成十年（一九九八）、二番《つがい》のマガモが繁殖し、それぞれ六羽の雛を育てた。一番の雛の中に一羽のアルビノ（白化個体）が生まれ「白ちゃん」という愛称で観光客に親しまれるようになった。このアルビノは夏を池で越し、翌春には成鳥となり交尾するようになりメスであることが分かった。このアルビノが池で夏を越したことによって、「三島池で生まれたマガモは一般に三島池で夏を越すのではないか」という今までの疑問を解明することになった。しかし平成十二年（二〇〇〇）八月の夜、このアルビノはロードキル（車にひかれる）によって死亡してしまった。大へん残念なことであった。

平成十三年（二〇〇一）の夏、野犬、野良猫がしばしば越夏マガモを襲うようになり、六羽のマガモの死体を発見し処理した。そこで野犬野良猫の捕獲作戦を展開したが、メスが急激に減少し、平成十四年（二〇〇二）以降池で夏見られるのはオスばかりであった。途中からペアのマガモが池に帰ってくるのが見られることもあった。おそらく近くで抱卵、育雛《いくすう》していたものが、天敵の攻撃を受けて繁殖に失敗して三島池に戻ってきたものと思われる。

その他昭和六十二年（一九八七）よりオシドリの越夏が見られるようになったこと、平成

三島池で越池しているヒドリガモの雄(左) とオナガガモの雄

十一年（一九九九）よりヒドリガモが、平成十二年（二〇〇〇）よりオナガガモが池で夏を越している。おそらく同じ個体で、障害を持っていて北へ帰れない個体ではないかと思われる。

今後の課題としては先に述べたようにマガモの越夏個体の減少、なかでもメス個体の減少である。天敵である犬や猫にやられるのもメスが多いことである。また産卵してもカラス・ヘビなどに卵が食べられてしまうことである。そのため犬猫・カラス・ヘビなどの管理を十分行うことが大切であり、卵を早期に一部捕獲して人工的にふ化させるなど行うことがどうしても必要である。また傷病鳥のマガモを保護してその育成・繁殖を図ることが必要と思われる。

コラム

あすの鳥はあすの人間

中日新聞「湖国随想」

私は青い空、碧い水、緑の山々、そして鳥を愛する人がいっぱいの湖国が大好きだ。

「冬は寒いので校庭にいっぱいの鳥がやってきます……」

「カワセミがいっぱい見られたらいいと思います……」

「世界には絶滅した鳥もたくさんいるんですね……」

「もっと鳥について口分田先生と話したかった……」

「一回琵琶湖へ行っていろいろの鳥を見たい……」

「先生は鳥に優しいおじいちゃんといった感じ……」

「えさ台、巣箱、カワセミの餌付けをやってみようと思います」

一月二十五日、甲南町立第三小学校の校内愛鳥発表会に招かれて、子どもたちやお父さん、お母さんに、私の話を聞いていただきました。数日後、子どもたちからかわいいお手紙をたくさんいただきました。これはそのお便りの一節です。一人ひとりにお返事を書くのも本当に楽しかった。

第三小学校の校鳥は、カワセミです。地域ぐるみで歌われている「カワセミの歌」というのがあります。

その一番の歌詞。

「見てごらん　小川に沿って

矢のように　飛ぶはぼくらの

カワセミだ　ルリの翼に赤い

足　みんなと仲良しお友だち」

　各学級でも学級の鳥が決まっています。そして、毎年学年ごとのテーマを決めて愛鳥活動を続けています。ことしは一年から順に、鳥の鳴き声、えさ台に来る鳥、カラスの生活、義勇山でのえさのやり方、浅野川周辺の野鳥観察、宮（学区旧村名）の鳥と食べ物。いずれも素晴らしい発表でした。つい子どもたちの熱心さに誘われて、えさ台のこと、シジュウカラの愛情物語、野鳥観察のことを話しました。

　こんな子どもたちが早く大きくなって、二十一世紀に活動してくれたらと、しみじみ思いました。

　鳥を護ることも、魚、蛍、森林や植物を護ることも方法は皆同じです。一言で言えば「生態系全体を保全する」ことです。一物だけ保全することは保全にならないのです。

　開発も人の願いですし、環境保全もまた人の願いです。事実、今回の総選挙においても、どの候補者も同じ口から相矛盾するように思えるこの二つのことを叫んでいました。私は開発と保全とは相反するものではないと思っています。

　人間として、同じ願いである点で基本的に一致しているからです。問題は開発と環境保全

とに、同じだけの資金を投じることができるかどうかということです。現実には、開発にほとんどの金をかけ、環境保全には少しの金しかかけないということです。開発と保全は等価

値であるのに……。

湖岸の開発、山の開発、一つの小さい河川や自宅の改修にしても同じです。行政や企業、産業、それに住民が環境保全のために高価な負担をしていかなければなりません。この高負担をどう克服していくのか。これからの近代的な課題です。

大阪南港に広大な野鳥園ができたように、環境保全にまず投資した後、開発に投資されなければなりません。環境保全は「言うは易く行うは難し」ということはこの点にあるのだと思います。

「あすの鳥はあすの人間」。同じ運命をたどるわれわれの仲まです。

二十一世紀は生命の時代です。

（一九九〇年三月二十六日）

あとがき

私はのろまで一気に仕事を片付けたり、問題解決したり、書き物を完成させたりすることはできない。しかし不思議と辛抱強く同じ仕事や調査研究を長く続けることができる。誰かが私を「三島池のボケガモ」と呼んだ由縁もここにある。

一冊の本を一気に書き果《おお》せることは私には到底できない相談である。しかし少しずつ書き溜めてそれを一冊の本にすることはできるのである。新聞、機関紙、雑誌、広報誌などに、その時の思いや一つのテーマでシリーズを連載することとは得意な方である。そしてこういう書き溜めたものが増えてくると一冊の本にして残そうかと思うようになる。今まで出した本はほとんどこんな経過を経て生まれたものである。今回のこの本も基本は「み〜な」に連載させていただいた「湖北野鳥散歩」のお陰である。

調査研究でも何十年か継続してまとめたものが多い。三島池の水鳥の研究、姉川の水生生物の研究、天野川の水生生物やホタルの研究、琵琶湖の水鳥の研究など何十年もかかってまとめたものであり、現在未だ続いている。途中で途切れる期間があっていわゆる「煙管《きせる》研究」になっていても、また思い出したように燻《くすぶ》り始めたり燃え出したりして継続することが多い。そしてそれらの四、五十年にわたる自然環境の変遷を確かめることがのろまの私にできることなのである。

　滋賀県野鳥の会も当初心配していたのは結成三十年後のことである。いろいろな同好会の経過を見ていると三十年あたりで解散したり自然消滅したりするものが多いからである。滋賀県野鳥の会はこの危機を乗り越えることができたのと、私より遙かにすばらしい人たちが続々輩出し、会長は単なる形だけの存在になってきたので、名実共に会長にふさわしい岡田登美男さんに交代してもらった。嬉しいことであった。

　現在代表をしている「鴨と蛍の里づくりグループ」も当初十年続けたいと発会式に皆さんに頼んだ。「十年も続けられるかなあ?」と言ってくれた人もいた。途中山東町よりの補助金が打ち切られ途方に暮れたが、幸い、支援していただける財団等があって、何とか発足十五周年を迎えることができた。もうこのグループの前途も大丈夫だと思っている。なぜなら十五年調査研究を継続するとそのグループ活動はその地域になくてはならない存在になるからである。

　そんなのろまの私でも、月日は私だけにのろまに対応し待っていてはくれない。そのため私は多くの成果や実績を残すことはできなく、数少ないしかも限定された範囲、地域の研究に止まっている。これも致し方ないことである。

　今まで数少ない全国的、県レベルの表彰をいただいたが、それらすべて何十年もぼつぼつやってきた「塵も積れば……」型のものばかりであった。

昨年、第五回日本水大賞奨励賞を「鴨と蛍の里づくりグループ」が受賞した。現役退職後「ふるさとの水環境の調査研究」に対してのものである。十五年の積み重ねは私の今までの実績から考えると最短期間である。どうして短期間の調査研究であるのに日本水大賞に応募したかというと、グループ結成十五年は一つの節目（危機）でもあり、それを乗り越える励ましがほしかったことと私自身高齢の域に達したことが理由である。今回の表彰はグループへの励ましであり今後への警鐘でもあると受け取っている。私の人生最後の受賞と思い意義の深さをしみじみ感じている。

いつか先輩で七十五歳はすべての公職、勤務から解放される年であると言ってくれた人がいた。全くその通りで、滋賀文教短期大学の講師も終わりを告げられたし、もう少しやりたいと思っていた三島池ビジターセンターの指導員も後輩に譲るように肩をたたかれた。

後に残るのは町内外で行う自然観察会の指導担当、鴨と蛍の里づくりグループのまとめ役、社会福祉協議会の「健康と環境講座グループ」の活動指導、それに二つの県のアドバイザーの仕事である。

それと今までは仕事が忙しくて苦痛に感じていた畑仕事（大豆、小豆、ジャガイモ、サツマイモ、タマネギの栽培が私の担当）が実に楽しくなってきた。直接自然にふれられるし、何よりも自然の恵みを実感できるからである。

若いときに父（六十九歳）、母（七十五歳）の寿命を目標にしていたが、すでに両者を超えようとしている。私の師の一人であった三輪健司（滋賀大学学長、故人）先生は、最後は自分の生涯研究の人「良寛」を目標にしたと言っておられた。晩年先生にお出会いしたら、良寛さんの年を超えてしまったと言って大笑されていた。そうすると私の目標は野鳥の先達、中西悟堂さんや松山資郎さんになるのだが、かけ離れた師であるから目標にすること自体畏れ多いことである。

のろまの私が具体的な尊い生命を目標に持つことはどう考えても納得がいかない。それよりは永久の「いのち」である自然を目標に持つことの方が私には似合っていると思うようになった。目標が遠いから頑張らなくてはならんとか、近づいてきたから準備をしなければならないとか気にすることはなく、いつも平常心でいられて気楽である。

自然はいつでもどこでも身近にあって、友としてつき合ってくれるし励ましや慰めだってしてくれる。うらみやそねみといった複雑な人間の感情からも解放だってしてくれる。ただ感謝と恵みの世界の中に生きていける場所のように思えるのである。

今後も最大限自然に親しみながら自然の姿を目標にしたいと考えている。

平成十六年六月

口分田　政博

■著者紹介
口分田 政博（くもで　まさひろ）
1928年生まれ。1961年読売新聞社賞受賞（科学教育）。1969年滋賀県野鳥の会創設（現名誉会長）。1984年日本鳥類保護連盟総裁賞受賞。1988年文部大臣賞受賞。1989年鴨と蛍の里づくりグループ結成。2003年日本水大賞奨励賞受賞。

〒521-0218　滋賀県坂田郡山東町志賀谷1532
TEL 0749-55-0804

■著　書
『近江の鳥たち』サンブライト出版　1987年
『滋賀県探鳥地百選』滋賀県自然保護財団　1995年
『おじいちゃんからの贈り物』サンライズ出版　2000年
その他

湖国野鳥散歩（続おじいちゃんからの贈り物）
―湖国の美しい自然よ、野鳥よ、人々よ、ありがとう―

2004年８月１日初版１刷発行
2004年８月６日初版２刷発行

著者　口分田　政博

発行　サンライズ出版
〒522-0004　滋賀県彦根市鳥居本町655-1
TEL 0749-22-0627　FAX 0749-23-7720

印刷　サンライズ出版株式会社

ISBN4-88325-242-6　C0045　定価はカバーに表示しております。